钢结构工程关键岗位人员培训丛书

钢结构工程项目总工必读

魏 群 主 编

冯志刚 靳 彩
魏鲁双 孙文怀 张汉儒 副主编

中国建筑工业出版社

图书在版编目（CIP）数据

钢结构工程项目总工必读/魏群主编. —北京：中国建筑工业出版社，2011.12
钢结构工程关键岗位人员培训丛书
ISBN 978-7-112-13783-1

Ⅰ.①钢… Ⅱ.①魏… Ⅲ.①钢结构-建筑工程-工程项目管理 Ⅳ.①TU391

中国版本图书馆 CIP 数据核字（2011）第 232006 号

本书为钢结构工程项目总工程师的培训用书及必备参考书，书中全面系统地介绍了钢结构工程项目总工程师必须掌握的专业技术知识和管理知识。全书共 16 章，分别是：概论、项目部的基础技术管理工作、施工现场的技术管理、测量管理工作、试验管理工作、项目分包工程的技术管理、设计变更、钢结构工程施工技术标准和规范的管理、钢结构工程技术资料和档案管理、计量工作管理、科技开发工作管理、技术创新活动、技术培训与交流工作、施工组织设计、主要施工技术方案编制、项目工程技术成果。本书内容丰富，浅显实用，概念清晰，通俗易懂。

本书既可作为钢结构工程项目总工程师的培训用书，也可作为钢结构工程其他项目管理人员参考用书。

* * *

责任编辑：范业庶
责任设计：李志立
责任校对：陈晶晶 王雪竹

钢结构工程关键岗位人员培训丛书
钢结构工程项目总工必读
魏 群 主编
冯志刚 靳 彩 魏鲁双 孙文怀 张汉儒 副主编

*

中国建筑工业出版社出版、发行（北京西郊百万庄）
各地新华书店、建筑书店经销
霸州市顺浩图文科技发展有限公司制版
北京富生印刷厂印刷

*

开本：787×1092 毫米 1/16 印张：11¾ 字数：285 千字
2012 年 1 月第一版 2012 年 1 月第一次印刷
定价：**32.00** 元
ISBN 978-7-112-13783-1
(21575)

版权所有 翻印必究
如有印装质量问题，可寄本社退换
（邮政编码 100037）

《钢结构工程关键岗位人员培训丛书》
编写委员会

顾　问：姚　兵　　刘洪涛　　何　雄

主　编：魏　群

编　委：千战应　　孔祥成　　尹伟波　　尹先敏　　王庆卫　　王裕彪
　　　　邓　环　　冯志刚　　刘志宏　　刘尚蔚　　刘　悦　　刘福明
　　　　孙少楠　　孙文怀　　孙　凯　　孙瑞民　　张俊红　　李续禄
　　　　李新怀　　李增良　　杨小荟　　陈学茂　　陈爱玖　　陈　铎
　　　　陈　震　　周国范　　周锦安　　孟祥敏　　郑　强　　姚红超
　　　　姜　华　　秦海琴　　袁志刚　　贾鸿昌　　郭福全　　黄立新
　　　　靳　彩　　魏定军　　魏鲁双　　魏鲁杰　　高阳秋晔
　　　　卢　薇　　李　玥　　靳丽辉　　王　静　　梁　娜　　张汉儒

前　言

　　进入21世纪，世界各国都在迎接知识经济时代来临的种种挑战。知识经济的挑战就是高新技术、科学管理的掌握、运用和实施。我国建筑企业只有全面提高从业人员的素质和科技水平，才能适应新形势的要求，才能在建筑市场中具有较强的竞争能力。

　　而工程项目技术管理水平和工程技术人员素质的高低，直接影响和反映项目管理的成败，与工程质量有着不可分割的关系，决定着企业经营效果的好坏。在现场管理工作中，项目总工程师是对全体工程技术人员进行指导、协调和组织管理的领导人员，并主持工程项目的日常技术工作。项目总工程师不仅要具备技术业务、技术管理、科技开发等工程师的基本能力，更要强调对工程项目及工程技术人员的协调、组织管理的领导能力。因此，为了提高管理人员业务水平，加强项目班子建设，并针对钢结构项目总工程师必须掌握的知识及工作中遇到的问题，作者用通俗的语言，编写了《钢结构工程项目总工必读》这本书。

　　本书在概论中介绍了钢结构工程项目总工程师的职责以及地位和作用，按章节顺序分别介绍了项目部的基础管理工作、施工现场的技术管理、测量管理工作、试验管理工作、项目分包工程的技术管理、设计变更、钢结构工程施工技术标准和规范的管理、钢结构工程技术资料和档案的管理、计量工程管理、科技开发项目管理、技术创新活动、技术培训与交流工作、施工组织设计、主要施工技术方案编制以及项目工程技术成果的管理等。全书共16个章节。编写时，力求语言简练、重点突出、浅显实用、内容翔实、讲清概念、联系实际、深入浅出、便于自学、文字通俗易懂。

　　在本书的编写过程中，参阅了大量的资料和书籍，并得到了出版社领导和有关人员的大力支持，在此谨表衷心感谢！由于我们水平有限，加上时间仓促，书中缺点在所难免，恳切希望读者提出宝贵意见。

　　本书可供机械设备制造厂，金属结构厂，建筑行业的钣金工、铆工使用，也可供技工学校、职业技术学校师生参考。

　　本书可作为钢结构工程中的项目总工程师、项目经理、施工员、技术员、基建管理人员培训教材，亦可作为大专院校教学参考和自学读物。

目 录

1 概论 ··· 1
  1.1 项目总工程师的职责 ·· 1
  1.2 项目总工程师的地位和作用 ··· 1
  1.3 项目总工程师的工作内容、程序和方法 ································· 2

2 项目部的基础技术管理工作 ··· 8
  2.1 工程开工前的技术准备工作 ··· 8
  2.2 工程开工前的要求和措施 ·· 15
  2.3 技术交底 ·· 17

3 施工现场的技术管理 ··· 21
  3.1 技术复核 ·· 21
  3.2 解决现场技术问题 ·· 21
  3.3 关键工序 ·· 22
  3.4 工程记录 ·· 23
  3.5 统计分析 ·· 26
  3.6 工程监测 ·· 26
  3.7 材料代用 ·· 27

4 测量管理工作 ·· 28
  4.1 施工测量常用仪器 ·· 28
  4.2 测绘新技术简介 ··· 36
  4.3 钢结构工程定位放线 ·· 39
  4.4 吊装测量 ·· 43
  4.5 钢结构工程竣工测量 ·· 45
  4.6 钢结构工程项目测量管理 ··· 46

5 试验管理工作 ·· 48
  5.1 试验工作的目的和意义 ··· 48
  5.2 项目试验工作的任务 ·· 48
  5.3 项目试验工作的依据和评定标准 ······································ 49
  5.4 试验规章制度 ··· 49
  5.5 钢结构工程项目实验室 ··· 50
  5.6 试验室的安全管理 ·· 51

  5.7 试验室设置原则与组织机构 ……………………………………………… 53
  5.8 项目试验室的主要设备配置 …………………………………………… 54
  5.9 项目试验室的布置 ……………………………………………………… 56
  5.10 常用材料的试验 ………………………………………………………… 56
  5.11 试验资料的管理 ………………………………………………………… 59

6 项目分包工程的技术管理 …………………………………………………… 60
  6.1 专业化施工队的技术管理体系 ………………………………………… 60
  6.2 专业化施工队技术管理的基本要求 …………………………………… 60

7 设计变更 ……………………………………………………………………… 62
  7.1 设计变更的类型及等级 ………………………………………………… 62
  7.2 设计变更的处理方式 …………………………………………………… 62
  7.3 设计变更的原则 ………………………………………………………… 63
  7.4 设计变更的实施与费用结算 …………………………………………… 64
  7.5 项目经理部的设计变更管理 …………………………………………… 64

8 钢结构工程施工技术标准和规范的管理 …………………………………… 66
  8.1 标准的基础知识 ………………………………………………………… 66
  8.2 标准的级别、编号、性质及功能 ……………………………………… 67
  8.3 采用国际标准和国外先进标准 ………………………………………… 69
  8.4 企业标准化的构成与实施 ……………………………………………… 70
  8.5 钢结构工程有关标准及规范的介绍 …………………………………… 71
  8.6 钢结构工程有关标准及规范的管理 …………………………………… 74

9 钢结构工程技术资料和档案管理 …………………………………………… 75
  9.1 钢结构工程施工技术资料管理 ………………………………………… 75
  9.2 钢结构工程项目的档案管理 …………………………………………… 82

10 计量工作管理 ……………………………………………………………… 93
  10.1 计量基本概念 …………………………………………………………… 93
  10.2 法定计量单位 …………………………………………………………… 94
  10.3 法定计量单位与习惯用非法定计量单位的换算 ……………………… 95
  10.4 常用计算公式 …………………………………………………………… 97
  10.5 常用型材理论质量计算公式 …………………………………………… 101
  10.6 金属结构制作与安装 …………………………………………………… 102
  10.7 金属构件运输 …………………………………………………………… 103
  10.8 计量工作的重要性 ……………………………………………………… 103
  10.9 项目经理部的计量管理工作 …………………………………………… 104
  10.10 项目总工程师的计量管理工作职责 ………………………………… 104

| | 10.11 项目计量检测设备的管理 | 105 |

11 科技开发工作管理 … 108
- 11.1 科技开发工作的目的和意义 … 108
- 11.2 科技开发工作的管理机构及职责 … 108
- 11.3 科技开发项目的立项程序 … 108
- 11.4 科技开发项目经费管理 … 109
- 11.5 科技开发项目的验收及成果鉴定 … 109
- 11.6 科技开发项目成果的管理 … 110

12 技术创新活动 … 111
- 12.1 技术创新的意义 … 111
- 12.2 技术创新的定义 … 111
- 12.3 技术创新的方式方法 … 112
- 12.4 钢结构施工领域技术创新发展趋势 … 112
- 12.5 钢结构施工领域技术创新的重点与难点 … 113

13 技术培训与交流工作 … 115
- 13.1 技术培训工作 … 115
- 13.2 技术交流工作 … 116

14 施工组织设计 … 118
- 14.1 施工组织设计概述 … 118
- 14.2 流水作业原理及网络计划 … 122
- 14.3 常用吊装机械运用方法 … 142
- 14.4 钢结构工程施工组织设计实例 … 151

15 主要施工技术方案编制 … 157
- 15.1 施工技术方案的编写 … 157
- 15.2 施工技术方案的审核 … 158
- 15.3 施工技术方案的审批 … 158
- 15.4 施工技术方案的实施 … 159

16 项目工程技术成果 … 160
- 16.1 施工技术总结 … 160
- 16.2 技术论文 … 161
- 16.3 施工工法 … 164
- 16.4 QC小组活动及成果 … 169

参考文献 … 180

1 概　　论

1.1 项目总工程师的职责

项目总工程师是项目经理部的技术负责人，是对全体工程技术人员进行指导、协调和组织管理的领导人员，并主持工程项目的日常技术工作。项目总工程师不仅要具备技术业务、技术管理、科技开发等基本能力，更要强调对工程项目及工程技术人员的协调、组织管理的领导能力。

项目总工程师要运用自己的专业技术知识和实践经验，解决工程项目中的日常技术问题和施工难题，搞好工程技术管理的日常业务工作，并指导技术人员搞好技术创新和科技开发工作。

项目总工程师是一个技术性的行政职务，应具有工程师或高级工程师的技术职称，是在项目经理领导下分管项目技术管理工作的负责人。主要工作职责如下：

（1）对项目的施工技术管理工作全面负责，贯彻执行国家有关技术政策、法规和现行施工技术规范、规程、质量标准以及承包合同要求，并监督实施执行情况。

（2）组织技术人员熟悉合同文件，领会设计意图和掌握具体技术细节，主持设计技术交底和会审签认，对现场情况进行调查核对，如有出入应按规定及时上报监理机构。

（3）在项目经理主持下，组织编制实施性施工组织设计、施工技术方案，识别和编制关键工序、特殊工序控制清单，并制定关键工序、特殊工序控制计划。

（4）组织编制关键工序、特殊工序专项施工技术方案和工艺措施，并在施工前组织有关技术人员进行全面的施工技术交底。

（5）督促指导施工技术人员严格按设计图纸、施工规范和操作规程组织施工，负责技术把关控制。

（6）负责研究解决施工过程中的工程技术难题。

（7）领导试验检测和施工测量工作，负责对试验、测量在施工过程中发生重大技术问题时的决策或报告。

（8）负责技术质量事故的调查与处理，以及审核签发变更设计报告。

（9）主持制定本项目的科技开发和"四新"推广项目，并组织实施。制订项目技术交流、职工培训、年度培训计划和主持开展QC小组攻关活动。

（10）主持交竣工技术文件资料的分类、汇总及编制，参加交竣工验收。组织做好施工技术总结，督促技术人员撰写专题论文和施工工法，并负责审核、修改、签认后向上级推荐、申报。

（11）主持对项目技术人员日常工作的检查、指导和考核。

1.2 项目总工程师的地位和作用

1. 项目经理部领导班子的主要成员

项目经理部的领导班子是对项目履行领导职责、决定工程项目生产经营活动的集体决策机构。企业法明确规定经理（厂长）处于中心地位，而项目总工程师是全面负责项目技术工作的主要领导者，其工作范围涉及工程项目施工的各个层面、各个环节和全过程，其工作成效与工程的质量、安全、进度和经济效益有直接关系，因此，项目总工程师理应处于项目经理部决策层的主要成员地位。

科学技术是第一生产力，这在理论上和实践中已被社会所公认，依靠科技进步促进企业发展、振兴企业经济已成为企业经营者的共识，项目总工程师作为项目科技进步的主要推动者，对项目的技术进步承担了重大责任，要充分发挥科技工作的作用，提高项目的科技效益，促进企业长期、稳定地发展。

2. 项目经理的主要助手

项目总工程师虽与项目其他领导成员分工不同，但其工作内容却与工程的质量、进度和经济效益有着密不可分的直接关系，贯穿于工程施工的全过程，因此，项目经理必然要以总工程师为其主要助手。

3. 项目技术工作的总负责人

工程材料、机具设备和施工人员是构成项目经理部工程施工组合的三要素，其中每个要素都和技术有关。项目总工程师作为项目技术工作的领导者，就要从技术上优化三个要素的组合，努力促成最佳的项目施工技术结构和最佳的施工流程，从而充分体现出技术工作在工程项目施工中的价值。

4. 项目经理和工程技术人员之间的纽带

项目总工程师在从事技术工作时，要把项目的各班组、各类工程技术人员有效地组织起来，形成项目的技术工作体系。依据项目经理的决策，项目总工程师组织全体技术人员开展日常的技术工作，这就使项目总工程师自然成为项目经理与技术人员中间的一座桥梁，起到连接他们之间的纽带作用。

1.3 项目总工程师的工作内容、程序和方法

1.3.1 项目总工程师的工作内容

项目总工程师的工作内容包括技术管理、质量管理、现场检查与指导、技术创新与科技进步、技术培训与交流、信息化管理等。

1. 技术管理

技术管理是一项针对项目施工中产生的一系列技术活动和技术工作进行计划、组织、指挥、协调与控制的全面系统性的工作，因此，项目总工程师应根据项目的工程特点，以国家和行业有关技术标准、规范、规程、合同条件、设计文件及企业自身的相关规章制度为依据，紧紧围绕项目经营管理的总目标，并结合自身和可利用资源的情况，从实际出发，科学和实事求是地开展好各项工作。

（1）组织有关技术人员认真审核合同技术条款和设计图纸，充分理解工程的技术要点、特点和质量标准。

（2）组织有关技术人员进行控制点的复测和恢复中线，认真做好现场踏勘工作，做好

现场地形、地貌和设计的吻合复核工作，并做好技术和质量策划工作，指导、督促做好施工过程中的测量工作。

（3）组织有关技术人员编制大型工程以下项目的施工技术方案，积极参与大型工程以上项目的施工技术方案制定工作。制定的施工技术方案既应符合合同技术规范要求，体现设计意图，又要做到切实可行，技术和工艺先进，经济合理，能保证质量、安全和工期要求。方案按规定批准后，组织实施。

（4）组织制定安全和环保技术措施，并按规定批准后实施。

（5）组织好技术、安全、环保交底和交底原始记录的整理工作，指导、督促做好二次交底工作。

（6）负责项目工地试验室的建设和取证工作，指导、督促做好施工过程中的试验检测工作。

（7）组织做好设计变更工作，做好测量、试验数据的审核把关工作，指导、督促检查各种施工原始记录的整理、签认和归档保存工作。

（8）负责对项目的技术工作进行及时总结，积极推进项目整体技术策划和标准化施工。

（9）组织做好交（竣）工项目的各项准备和资料整理编制、归档工作，负责竣工验收前修复工程的方案制定及实施。

（10）做好项目分包工程的技术管理工作，定期对其进行检查和指导。

2. 质量管理

工程质量是企业素质的综合反映，是项目管理水平的重要标志。项目总工程师在项目经理的领导下，对工程质量负全面技术责任。

（1）负责建立项目质量保证体系，协调质量相关部门的接口工作，指导、督促和检查质量职责的落实和质量体系运行等情况，并及时制定改进措施。

（2）主持编写项目质量目标实施计划，并组织贯彻实施。

（3）根据项目的工程特点，负责编制关键工序和特殊工序的作业指导书，并督促实施，做好过程控制。

（4）负责质量信息的审核、发布和上报工作，保证其及时性、准确性和可靠性。

（5）负责组织开展创精品工程和创优工程活动，并制定实施措施和奖惩办法。

（6）组织工程质量事故的调查与处理。

3. 现场检查与指导

现场检查与指导是项目总工程师的一项重要工作，通过现场检查与指导，可以及时了解现场情况，发现问题并及时采取措施，做到预防预控，防患于未然，确保工程顺利进行。

（1）负责组织每月一次的项目质量大检查，并将检查结果及时上报。积极参与和配合公司的季检、年度抽检及业主、监理等组织的各项质量检查活动。

（2）定期或不定期地进行现场检查，重点关注关键工序和特殊工序，对关键工序、特殊工序要实行"三认可制度"（方案认可、设备认可、人员资质认可），对发现的问题，要及时采取措施处理。

（3）亲自到现场组织和指挥重大技术方案或技术措施的实施，实施过程中要不定期地进行现场检查与指导，确保方案或措施能落实到位。

（4）经常对测量、试验、施工现场（包括搅拌站）等的技术质量状况和相关技术人员的工作情况进行检查，发现问题及时解决。

4. 技术创新与科技进步

技术创新与科技进步是施工企业健康发展的极为重要的动力源泉，是转变增长方式、提高劳动生产率和效益水平的关键所在。项目作为施工企业的重要组成部分，承载着推进企业技术创新与科技进步的重要任务，因此，作为项目的技术负责人，项目总工程师同样承担着相应的职责。

（1）领导并组织好项目的技术管理体系，在做好技术管理工作的同时，积极开展技术创新活动，不断提高科技进步水平。

（2）根据项目工程特点和需要，负责制定相应的技术进步和科技开发的实施计划，为工程的顺利施工提供有力的技术支持。

（3）针对影响工程质量、安全、工期和效益的关键工序、特殊工序或重大问题，结合项目自身情况，负责申报公司级科技课题，或自行进行一般性专题立项，通过开展专项科研课题研究和技术攻关，解决项目的实际问题。

（4）积极引导和鼓励项目全体人员开展技术革新（小改小革）、修旧利废、合理化建议、QC小组等活动，提高项目的整体技术水平。

（5）结合项目实际，积极采用新技术、新工艺、新材料、新设备，大力推进"四新"技术的推广和实施。

（6）积极建立和完善科技信息的收集、处理和交流体系，充分发挥科技信息对施工生产的服务功能。

5. 技术培训与交流

开展技术培训与交流活动，是提高项目整体施工技术水平的重要环节，也是项目总工程师的重要工作内容之一。

（1）施工准备阶段，负责组织相关技术和操作人员进行岗前技术培训，为施工做好技术准备。

（2）施工中，应在关键工序和特殊工序的重点技术方案、措施实施前，或采用"四新"技术前，组织相关人员进行技术培训，必要时聘请技术专家来项目进行技术指导，确保实施效果。

（3）根据项目的实际需要，有计划地组织技术人员进行项目内外的业务技术学习和技术交流，加速知识储备和更新。

（4）根据项目的工程特点，组织对工人施工操作技能的培训，做到能熟悉本职工作，熟练掌握本岗位的操作要领和方法。

6. 项目信息化管理

项目总工程师应加强工程的信息化管理，领导和组织项目技术人员充分利用计算机办公系统和网络信息资源，更好地为工程施工服务。

项目信息化管理的内容有：信息化工作计划和管理制度的制定与实施，计算机管理人员的任用和考核，全员信息化培训与考核，计算机设备的配置与管理，软件与信息系统的开发、管理与维护，计算机网络系统的组建与管理等。

1.3.2 项目总工程师的工作程序

就一般工程项目而言,项目总工程师的工作程序大体上是按照技术规划、施工整体部署、过程控制、竣工总结工作的管理流程进行。

(1) 技术规划。是针对公司的技术方针目标,结合工程项目的具体情况,制定适合本项目的技术方针和质量目标,选定相应的科研课题,确定本工程所需要购置的重要设备、仪器以及所要执行的技术标准、规范和规程,拟定主要技术人员的分工安排。

(2) 施工整体部署。主要包括编制实施性施工组织设计,建立技术管理和质量管理体系,确定关键工序和特殊工序的施工方案,落实工程开工的技术准备工作。

(3) 过程控制。就是要对施工的各个技术环节和全过程进行横向到边、纵向到底的全方位监控,特别是对影响工程质量、进度和效益的关键过程和施工工艺,应重点进行监控,确保施工按计划顺利实施。

(4) 竣工总结工作。就是要在做好交竣工验收工作的同时,组织全体技术人员,认真分析技术上的成功与不足之处,探讨本工程的施工经验和教训,对在施工中成功使用的施工工艺和方法、课题研究成果以及"四新"技术的应用成果等及时进行总结。

1.3.3 项目总工程师的工作方法

项目总工程师的工作方法,就是以科学的态度、方法和知识作为手段,以创造、创新和集体协作精神为宗旨,把工程施工上的具体问题作为任务加以分解,组织全体技术人员并身体力行地予以合理的解决。

1. 日常工作方法

(1) 处理公文。

公文是公务文书的简称,是上级机关用来发布通知和管理规定,传达领导意图、指导工作,通报企业工作情况,交流经验及项目向上级和业主请示问题、上报材料、互通情况的工具。公文的主要作用是上传下达、凭证依据、宣传教育和规范行为。

处理公文必须准确及时,防止公文被搁置而贻误工作。按照文件的来源、使用范围、用途和收发不同分类处理,对公文要认真阅读,领会其精神,慎重地审核批复。

(2) 组织会议。

组织会议是常用的一种领导工作方法,通过会议来安排工作,协调关系,咨询决策,互通信息,讨论与决定问题等。会议的组织工作包括确定会议的议题,参加会议人员,会议的议程、时间、地点等,并要事先通知,使参加会议人员准备好有关资料,会场要提前做好布置。

(3) 组织协调。

组织协调是行政管理的重要职能,主要是改善和调整各部门、各工种和人员之间的关系,使各项工作密切配合,人员分工合作、步调一致,促进工程项目的圆满完成。

协调的本质是对人员的协调。协调工作要贯穿工程项目施工的全过程,本着平等公正、求同存异、合理分工和统筹兼顾的原则,照顾到各个方面、各个环节和所有人员,做到上下协调、内外协调、横向协调、平行协调,使工程项目施工和谐统一,物尽其用,人尽其能,充分调动全体人员的工作积极性和创造性。

(4) 深入施工现场。

施工现场是项目管理工作的基础，因此，项目总工程师应深入现场，了解并掌握具体情况，指导和解决实际问题，从而取得领导工作的主动权和实效性。

(5) 工作计划。

工作计划标明了工作的目标和重点，并将其规定为有序的连续过程，执行的方法和进度，是工程管理的重要依据。

项目总工程师的工作计划包括项目总体计划和个人工作计划。项目总体计划又分为横道图计划和网络计划，都是对工程项目的整体工作安排。在总体计划之下，需按照项目经营的要求细化为年度计划、季度计划、月计划乃至周计划，还需按工作类别不同细化为科技工作计划、质量工作计划、材料和设备进场计划等。个人工作计划是用于日常工作安排的，是本人所主管的业务工作计划。

任何事物总是处于不断的发展变化中，这是客观规律。同样，由于工程施工中各种内外部条件的变化、环境与气候因素、不可抗拒的自然与社会灾害等，以及原计划本身的缺陷，工作计划需要随时做出相应的调整，以适应这些变化，使其更符合工程的内在规律性。

2. 调查研究方法

调查是通过各种方式和手段亲身接触和广泛了解客观实际情况，详细地占有材料。研究则是根据调查得来的情况和资料，用科学的观点和方法进行全面、系统地分析、归纳和总结，弄清事实真相，明了事物的内在联系和发展规律，预测事物的发展变化，从而得出正确的结论，以指导具体工作。

调查研究是科学的工作方法和领导方法。调查是前提，是手段；研究是深化，是目的。调查研究有经验调查和科学调查两种方式，前者主要使用考察、询问、谈话、蹲点等传统方法，侧重于弄清事实真相，找到正确处理问题的方法；后者是采用系统、科学、专业技术的方法，利用先进的调查工具和分析研究技术，不但要弄清事实真相，还要找出其内在的客观规律。

调查研究的基本形式，有专题调查、典型调查、普遍调查、抽样调查和临时性调查等。

(1) 专题调查。是根据上级领导或业主要求，施工难点、技术或工艺的需要，针对某一专题采取的点面结合的调查研究方法。在项目中主要是要解决施工中的技术难题和研究提高工程质量的方法。

(2) 典型调查。是从具有某种共性的总体事物中，选择若干有代表性的问题而进行的一种非普遍性调查。通过典型调查，找出其内在规律性，用以概括同类问题的一般规律特点，以便指导和推动整体工作，这是一种从个别到一般的工作方法。如混凝土外观质量是工程项目遇到的普遍问题，项目针对护栏的外观质量问题开展调查研究，找出确保其外观质量合格的施工方法，并供其他工程借鉴，就是典型调查的表现形式。

(3) 普遍调查。是指在一定范围和规定时间内，对所有对象逐一进行调查，在取得全面资料的基础上再进行分析研究的一种方法。

(4) 抽样调查。是从总体中抽选一定数量的问题作为样本进行调查，再根据所得的调查数据，运用数理统计原理推算出总体数据的一种方法。抽样的目的在于科学地挑选总体的某部分作为调查对象，通过对局部的研究，取得能够说明总体的足够可靠资料，以推断出能代表总体的规律性。样本抽选通常有随机抽样法、分类（分层、分组）抽样法、整群抽样法以及计划抽样或立意抽样的非随机抽样法。

（5）临时性调查。是对一些突发性事件或问题所进行的调查研究，如对工程质量事故或技术安全问题的调查。

3. 检查总结方法

检查总结是上级对下级实施决策的情况和结果所作的专门调查，是对决策的再认识。领导不能只是作决策，发号施令，重要的是检查指示的执行情况，而且要通过实践的检验来检查指示本身正确与否，这是领导工作的重要环节。通过检查总结，有利于发扬成绩、找出差距、纠正错误、提高工作效率，有利于认识规律、发现问题症结所在，有利于发现人才，考核干部，提高领导干部的各项素质。

例如，项目总工程师针对工程上的某个质量问题提出处理意见，交给主管技术员具体处理，处理完成之后，项目总工程师再对结果进行检查、评价。在此过程中，项目总工程师可以检验自己提出的处理意见的合理程度和实际效果，了解主管技术员解决具体技术问题的能力。

检查总结必须遵循理论和实际相统一的原则，反对主观主义，实事求是地评价各项工作的开展情况。要深入实际、深入施工现场、深入群众，全面细致地掌握客观事实，真正发现先进和落后的部位与环节，充分搜集决策本身及决策执行情况的准确信息进行总结、分析和归纳，从而进一步完善各项工作。

在推行 PDCA 工作方法时，总结检查是其中一个环节。PDCA 循环，是指按计划、执行、检查、处理四个阶段的顺序来进行管理工作，并且循环进行下去，检查总结是这一工作程序的第三个环节。

进行检查总结有跟踪检查、阶段检查、自上而下与自下而上的检查、组织专门的班子检查等多种方式。

检查总结的目的在于指导工作，确保领导工作的有效进行和决策目标的顺利实施。这项工作要按计划定期进行，以便随时掌握工作的进程，交流经验，纠正错误，动态调整和优化工作。

2 项目部的基础技术管理工作

2.1 工程开工前的技术准备工作

每项工程施工准备工作的内容，视该工程规模、地点及相应的具体条件的不同而不同。有的比较简单，有的却十分复杂。如只有一个单项工程的施工项目和包含多个单项工程的群体项目；一般小型项目和规模庞大的大中型项目；新建项目和改建、扩建项目；在未开发地区兴建的项目和在已开发因而所需各种条件已具备的地区兴建的项目等，都因工程的特殊需要和特殊条件而对施工准备工作提出各不相同的具体要求。应按照施工项目的具体特点和要求，确定施工准备工作的具体内容。

一般工程的施工准备工作的内容可归纳为六个部分：调查研究收集资料、技术资料准备、施工现场准备、物资准备、施工人员准备和季节性施工准备。

2.1.1 调查研究收集资料

收集研究与施工活动有关的资料，可使施工准备工作有的放矢，避免盲目性。有关施工资料的调查收集可归纳为两部分内容，即自然条件的调查收集和技术经济条件的调查收集。自然条件是指通过自然力活动而形成的与施工有关的条件，如地形地貌、工程地质、水文地质及气象条件等。技术经济条件是指通过社会经济活动而形成的与施工活动有关的条件，如工区供水、供电、道路交通能力；地方建筑材料的生产供应能力及建筑劳务市场的发育程度；当地民风民俗、生活供应保障能力等。现将各种资料调查收集的内容与作用分述如下：

1. 原始资料的调查

原始资料的调查主要是对工程条件、工程环境特点和施工条件等施工技术与组织的基础资料进行调查，以此作为项目准备工作的依据。

(1) 施工现场的调查。这项调查包括工程的建设规划图、建设地区区域地形图、场地地形图、控制桩与水准基点的位置及现场地形、地貌特征等资料。这些资料一般可作为设计施工平面图的依据。

(2) 工程地质、水文地质的调查。这项调查包括工程钻孔布置图、地质剖面图、地基各项物理力学指标试验报告、地质稳定性资料、暗河及地下水水位变化、流向、流速及流量和水质等资料。这些资料一般可作为选择基础施工方法的依据。

(3) 气象资料的调查。这项调查包括全年、各月平均气温，最高与最低气温，各种气温的天数和时间；雨期起止时间，最大及月平均降水量及雷暴时间；主导风向及频率，全年大风的天数及时间等资料。这些资料一般可作为确定冬、雨期季节施工工作的依据。

(4) 周围环境及障碍物的调查。这项调查包括施工区域现有建筑物、构筑物、沟渠、水井、古墓、文物、树木、电力架空线路、人防工程、地下管线、枯井等资料。这些资料可作为布置现场施工平面的依据。

2. 收集给水排水、供电等资料

(1) 收集当地给水排水资料调查。包括当地现有水源的连接地点、接管距离、水压、水质、水费及供水能力和与现场用水连接的可能性。若当地现有水源不能满足施工用水的要求，则要调查附近可作为施工生产、生活、消防用水的地面水或地下水源的水质、水量、取水方式、距离等条件。还要调查利用当地排水设施进行排水的可能性，排水距离、去向等资料。这些可作为选用施工给水排水方式的依据。

(2) 收集供电资料调查。包括可供施工使用的电源位置，接入工地的路径和条件，可以满足的容量、电压及电费等资料或建设单位、施工单位自有的发变电设备、供电能力。这些资料可作为选择施工用电方式的依据。

(3) 收集供热、供气资料调查。包括冬期施工时附近蒸汽的供应量、接管条件和价格，建设单位自有的供热能力以及当地或建设单位可以提供的煤气、压缩空气、氧气的能力及它们至工地的距离等资料。这些资料是确定施工供热、供气的依据。

3. 收集交通运输资料

建筑施工中主要的交通运输方式一般有铁路、公路、水运和航运等。收集交通运输资料是调查主要材料及构件运输通道的情况，包括道路，街巷，途经的桥涵宽度、高度，允许载重量和转弯半径限制等资料。有超长、超高、超宽或超重的大型构件、大型起重机械和生产工艺设备需整体运输时，还要调查沿途架空电线、天桥的高度，并与有关部门商议避免大件运输对正常交通产生干扰的路线、时间及解决措施。

4. 收集"三材"、地方材料及装饰材料等资料

"三材"即钢材、木材和水泥。一般情况下应摸清"三材"市场行情，了解地方材料如砖、砂、灰、石等材料的供应能力、质量、价格、运费情况；当地构件制作、木材加工、金属结构、钢木门窗；商品混凝土、建筑机械供应与维修、运输等情况；脚手架、模板和大型工具租赁等能提供的服务项目、能力、价格等条件；收集装饰材料、特殊灯具、防水、防腐材料等市场情况。这些资料用作确定材料的供应计划、加工方式、储存和堆放场地及建造临时设施的依据。

5. 社会劳动力和生活条件调查

建设地区的社会劳动力和生活条件调查主要是了解当地能提供的劳动力人数、技术水平、来源和生活安排；能提供作为施工用的现有房屋情况；当地主、副食产品供应，日用品供应，文化教育、消防治安、医疗单位的基本情况以及能为施工提供支援的能力。这些资料是拟订劳动力安排计划、建立职工生活基地、确定临时设施的依据。

2.1.2 技术准备

技术准备是根据设计图纸、施工地区调查研究收集的资料，结合工程特点，为施工建立必要的技术条件而做的准备工作。

1. 熟悉和会审图纸

熟悉和审查施工图纸的主要目的是使施工单位工程技术管理人员了解和掌握图纸的设计意图、构造特点和技术要求，为编制施工组织设计提供各项依据。通常，按图纸自审、会审和现场签证等三个阶段进行。图纸自审是由施工单位主持，并写出图纸自审记录。图纸会审则由建设单位主持，设计和施工单位共同参加，形成图纸会审纪要，由建设单位正

式行文，三方共同会签并加盖公章，作为指导施工和工程结算的依据。图纸现场签证是在工程施工中，遵循技术核定和设计变更签证制度，对所发现的问题进行现场签证，作为指导施工、竣工验收和结算的依据。

施工单位熟悉和自审图纸时应注意如下几点：

（1）施工图纸是否符合国家的有关技术政策、经济政策和相关的规定。

（2）施工图纸与其说明书在内容上是否一致，施工图纸及其各组成部分间有无矛盾和错误。

（3）建筑图与其相关的结构图，在尺寸、坐标、标高和说明方面是否一致，技术要求是否明确。

（4）熟悉工业项目的生产工艺流程和技术要求，掌握配套投产的先后次序和相互关系，审查设备安装图纸与其相配合的土建图纸，在坐标和标高尺寸上是否一致，土建施工的质量标准能否满足设备安装的工艺要求。

（5）基础设计或地基处理方案同建造地点的工程地质和水文地质条件是否一致，弄清建筑物与地下构筑物、管线间的相互关系。

（6）掌握拟建工程的建筑和结构的形式和特点，需要采取哪些新技术；复核主要承重结构或构件的强度、刚度和稳定性能否满足施工要求，对于工程复杂、施工难度大和技术要求高的分部（分项）工程，要审查现有施工技术和管理水平能否满足工程质量和工期要求，建筑设备及加工订货有何特殊要求等。

（7）对设计技术资料有否合理化建议及其他问题。

在审查图纸过程中，对发现的问题应做出标记，做好记录，以便在图纸会审时提出。

2. 编制施工组织设计

施工组织设计是指导拟建工程进行施工准备和组织施工的基本的技术经济文件。它的任务是要对具体的拟建工程（建筑群或单个建筑物）的施工准备工作和整个的施工过程，在人力和物力、时间和空间、技术和组织上，作出一个全面而合理，并符合好、快、省、安全要求的安排。有了科学合理的施工组织设计、施工准备工作，正式施工活动才能有计划、有步骤、有条不紊地进行。从施工管理与组织的角度讲，编制施工组织设计是技术准备乃至整个施工准备工作的中心内容。由于建筑工程没有一个通用定型的、一成不变的施工方法，所以每个建筑工程项目都需要分别确定施工方案和施工组织方法，也就是要分别编制施工组织设计，作为组织和指导施工的重要依据。

3. 编制施工图预算和施工预算

建筑工程预算是反映工程经济效果的技术经济文件，在我国现阶段也是确定建筑工程预算造价的法定形式。建筑工程预算按照不同的编制阶段和不同的作用，可以分为设计概算、施工图预算和施工预算三种。

（1）施工图预算。是按照施工图确定的工程量、施工组织设计所拟定的施工方法、建筑工程预算定额及其取费标准编制的确定建筑安装工程造价和主要物资需要量的技术经济文件。

（2）施工预算。是根据施工图预算、施工图纸、施工组织设计、施工定额等文件进行编制的。它是企业内部经济核算和班组承包的依据，是编制工程成本计划的基础，是控制施工工料消耗和成本支出的依据，是企业内部使用的一种预算。

施工图预算与施工预算存在很大的区别。施工图预算是甲乙双方确定预算造价、发生经济联系的技术经济文件；而施工预算则是施工企业内部经济核算的依据。施工预算直接受施工图预算的控制。

2.1.3 施工现场的准备

施工现场的准备即通常所说的室外准备。它是按照施工组织设计的要求进行的施工现场具体条件的准备工作，主要内容有：清除障碍物、三通一平、测量放线、搭设临时设施等。

1. 清除障碍物

施工场地内的一切障碍物，无论是地上的或是地下的，都应在开工前清除。这些工作一般是由建设单位来完成，但也有委托施工单位来完成的。如果由施工单位来完成这项工作，应注意如下几点：

（1）一定要事先摸清现场情况，尤其是在城市的老城区内，由于原有建筑物和构筑物情况复杂，而且往往资料不全，在清除前需要采取相应的措施，防止发生事故。

（2）对于房屋的拆除一般要把水源、电源切断后才可进行拆除。对于较坚固的房屋和地下老基础，则可采用爆破的方法拆除，但这需要委托有相应资质的专业爆破作业单位来承担，并且必须报经公安部门批准方可实施。

（3）架空电线（电力、通信）、地下电缆（包括电力、通信）的拆除，要与电力部门或通信部门联系并办理有关手续后方可进行。

（4）自来水、污水、煤气、热力等管线的拆除，应委托专业公司来完成。

（5）场地内若有树木，需报园林部门批准后方可砍伐。

（6）拆除障碍物后，留下的渣土等杂物都应清除出场外。运输时，应遵守交通、环保部门的有关规定，运土的车辆要按照指定的路线和时间行驶，并采取封闭运输车或在渣土上洒水等措施，以避免渣土飞扬而污染环境。

2. 三通一平

在工区范围内，接通施工用水、用电、道路和平整场地的工作简称为"三通一平"。当然有的工地还需要供应蒸汽，架设热力管线，称为"热通"；通压缩空气，称为"气通"；通电话作为联络通信工具，称为"话通"；还可能因为施工中的特殊要求，有其他的"通"，但最基本的、对施工现场施工活动影响最大的还是水通、电通、道路通的"三通"。

（1）场地平整。清除障碍物后，即可进行场地平整工作。平整场地工作是根据建筑施工总平面图规定的标高，通过测量，计算出填挖土方工程量，设计土方调配方案，组织人力或机械进行平整工作。如果工程规模较大，这项工作可以分段进行，先完成第一期开工的工程用地范围内的场地平整工作，再依次进行后续的平整工作，为第一期工程项目尽早开工创造条件。

（2）修通道路。施工现场的道路是组织施工物资进场的动脉。为保证施工物资能早日进场，必须按施工总平面图的要求，修好现场永久性道路以及必要的临时道路。为节省工程费用，应尽可能利用已有的道路。为使施工时不损坏路面和加快修路速度，可以先修路基或在路基上铺简易路面，施工完毕后，再铺永久性路面。

（3）通水。施工现场的通水包括给水和排水两个方面。施工用水包括生产、生活与消防用水。通水应按照施工总平面图的规划进行安排。施工给水设施应尽量利用永久性给水线路。临时管线的铺设，既要满足生产用水的需要和使用方便，还要尽量缩短管线。施工现场的排水也十分重要，尤其是在雨季，场地排水不畅，会影响施工和运输的顺利进行，因此要做好排水工作。

（4）通电。包括施工生产用电和生活用电。通电应按照施工组织设计要求布设线路和通电设备，电源首先应考虑从国家电力系统或建设单位已有的电源上获得。如供电系统不能满足施工生产、生活用电的需要，则应考虑在现场建立发电系统，以保证施工的连续、顺利进行。施工中如需要通热、通气或通电信，也应该按照施工组织设计要求，事先完成。

3. 测量放线

测量放线的任务是把图纸上所设计好的建筑物、构筑物及管线等测设到地面上或实物上，并用各种标志表现出来，以作为施工的依据。其工作的进行，一般是在土方开挖之前，在施工场地内设置坐标控制网和高程控制点来实现的。这些网点的设置应视工程范围的大小和控制的精度而定。在测量放线前，应对测量仪器进行检验和校正，熟悉并校核施工图纸，了解设计意图，校核红线桩与水准点，制定出测量、放线方案。

建筑物定位放线是确定整个工程平面位置的关键环节，实施施工测量中必须保证精度，杜绝错误，否则其后果将难以处理。建筑物定位、放线，一般通过设计图中平面控制轴线来确定建筑物的四廓位置，测定并经自检合格后，提交有关部门和甲方（或监理人员）验线，以保证定位的准确性。沿红线建筑的建筑物放线后，还要由城市规划部门验线，以防止建筑物压红线或超红线，为正常顺利地施工创造条件。

4. 搭设临时设施

现场生活和生产用的临时设施，在布置安排时，要遵照当地有关规定进行规划布置。如房屋的间距、标准是否符合卫生和防火要求，污水和垃圾的排放是否符合环保的要求等。临时建筑平面图及主要房屋结构图，都应报请城市规划、市政、消防、交通、环境保护等有关部门审查批准。为了施工方便和安全，对于指定的施工用地的周界，应用围栏围挡起来，围挡的形式和材料及高度应符合市容管理的有关规定和要求。在主要入口处设标示牌，标明工程名称、施工单位、工地负责人等。各种生产、生活用的临时设施，包括特种仓库、混凝土搅拌站、预制构件场、机修站、各种生产作业棚、办公用房、宿舍、食堂、文化生活设施等，均应按照批准的施工组织设计规定的数量、标准、面积、位置等要求组织修建，大、中型工程可分批、分期修建。

此外，在考虑施工现场临时设施的搭设时，应尽量利用原有建筑物，尽可能减少临时设施的数量，以便节约用地，节约投资。

2.1.4 物资准备

物资准备是项目施工必需的物质基础。在施工项目开工之前，必须根据各项资源需要量制订计划，分别落实货源，组织运输和安排好现场储备，使其满足项目连续施工的需要。

1. 物资准备工作的内容

物资准备是一项较为复杂而又细致的工作，它包括机具、设备、材料、成品、半成品等多方面的准备。

(1) 建筑材料的准备。主要是根据工料分析，按照施工进度计划的使用要求和材料储备定额和消耗定额，分别按照材料名称、规格、使用时间进行汇总，编制出建筑材料需要量计划，为组织备料、确定材料的仓库面积或堆场面积以及组织运输提供依据。建筑材料的准备包括："三材"、地方材料、装饰材料的准备。准备工作应根据材料的需要量计划，组织货源，确定物资加工、供应地点和供应方式，签订物资供应合同。

(2) 材料的储备。应根据施工现场分期分批使用材料的特点，按照以下原则进行材料的储备。

① 按工程进度分期、分批进行，现场储备的材料多了会造成积压，增加材料保管的负担，同时，也多占用流动资金；储备少了又会影响正常生产。所以材料的储备应合理、适宜。

② 做好现场保管工作，以保证材料的原有数量和原有的使用价值。

③ 现场材料的堆放应合理。现场储备的材料，应严格按照施工平面布置图的位置堆放，以减少二次搬运，且应堆放整齐，标明标牌，以免混淆，此外，亦应做好防水、防潮、易碎材料的保护工作。

④ 应做好技术试验和检验工作，对于无出厂合格证明和没有按规定测试的原材料，一律不得使用，不合格的建筑材料和构件，一律不准进场和使用，特别对于没有把握的材料或进口原材料、某些再生材料的储备更要严格把关。

(3) 构配件及制品加工准备。根据施工预算提供的构件、配件及制品名称、规格、数量和质量，分别确定加工方案和供应渠道，以及进场后的储存地点和方式，编制出其需要量计划，为组织运输和确定堆场面积提供依据。工程项目施工中需要大量的预制构件、门窗、金属构件、水泥制品以及卫生洁具等，这些构件、配件必须事先提出订制加工单。对于采用商品混凝土现浇的工程，则先要到生产单位签订供货合同，注明品种、规格、数量、需要时间及送货地点等。

(4) 施工机具设备的准备。施工所需机具设备门类繁多，如各种土方机械，混凝土、砂浆搅拌设备，垂直及水平运输机械，吊装机械、机具，钢筋加工设备，木工机械，焊接设备，打夯机，抽水设备等，应根据施工方案和施工进度计划，确定其类型、数量和进场时间，然后确定其供应方法和进场后的存放地点、方式，编制出施工机具需要量计划，以此作为组织施工机具设备运输和存放的依据。

(5) 模板和脚手架的准备。模板和脚手架是施工现场使用量大、堆放占地大的周转材料。模板及其配件规格多、数量大，对堆放场地要求比较高，一定要分规格、型号整齐码放，便于使用及维修。大钢模一般要求立放，并防止倾倒，在现场也应规划出必要的存放场地。钢管脚手架、桥脚手架、吊篮脚手架等都应按指定的平面位置堆放整齐，扣件等零件还应防雨，以防锈蚀。

2. 物资准备工作的程序

(1) 编制物资需要量计划。根据施工预算、分部工程施工方案和施工进度安排，分别编制建筑材料、构（配）件、制品和施工机具设备需要量计划。

(2) 组织货源。根据各项物资需要量计划，组织货源，确定加工方法、供货地点和供货方式，签订相应的物资供应合同。

(3) 编制物资运输计划。根据各项物资需要量计划和供货合同，确定各项物资运输计划和运输方案。

(4) 物资储存和保管方式。根据物资使用时间和施工平面布置要求，组织相应物资进场，经质量和数量检验合格后，按指定地点和方式分别进行储存和保管。

物资准备工作程序流程图如图2-1所示。

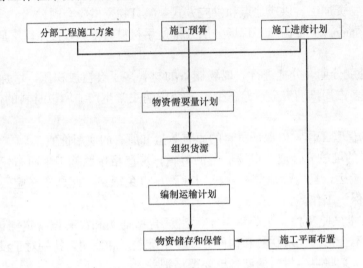

图 2-1 物资准备工作程序流程图

3. 基本施工班组的确定

基本施工班组应根据工程的特点、现有的劳动力组织情况及施工组织设计的劳动力需要量计划来确定选择。各有关工种工人的合理组织，一般有以下几种形式：

(1) 砖混结构的房屋以混合施工班组的形式较好。在结构施工阶段，主要是砌筑工程，应以瓦工为主，配备适量的架子工、木工、钢筋工、混凝土工以及小型机械工等。装饰阶段则以抹灰、油漆工为主，配备适当的木工、管道工和电工等。

这些混合施工队的特点是人员配备较少，工人以本工种为主兼做其他工作，工序之间的衔接比较紧凑，因而劳动效率较高。

(2) 全现浇结构房屋以专业施工班组的形式较好。主体结构要浇筑大量的钢筋混凝土，故模板工、钢筋工、混凝土工是主要工种。装饰阶段需配备抹灰、油漆、木工及中高级装饰工等。

(3) 预制装配式结构房屋以专业施工班组的形式较好。这种结构的施工以构件吊装为主，故应以吊装起重工为主。因焊接量较大，电焊工要充足，同时配以适当的木工、钢筋工、混凝土工。同时，根据填充墙的砌筑量配备一定数量的瓦工。装修阶段需配备抹灰工、油漆工、木工等专业班组。

4. 施工队伍的教育

施工前，企业要对施工队伍进行劳动纪律、施工质量和安全教育，要求本企业职工和外包施工队人员必须做到遵守劳动时间，坚守工作岗位，遵守操作规程，保证产品质量，保证施工工期及安全生产，服从调动，爱护公物。同时，企业还应做好职工、技术人员的培训和技术更新工作，只有不断提高职工、技术人员的业务技术水平，才能从根本上保证建筑工程质量，不断提高企业的信誉与竞争力。此外，对于某些采用新工艺、新结构、新材料、新技术的工程，应该先将有关的管理人员和操作工人组织起来进行培训，使之达到标准后再上岗操作。这也是施工队伍准备工作的内容之一。

2.1.5 冬、雨期施工准备工作

冬期施工和雨期施工对项目施工质量、成本、工期和安全都会产生很大影响，为此必须做好冬、雨期施工准备工作。在项目冬期施工时，既要合理地安排冬期施工项目，又要重视冬期施工对临时设施的特殊要求，及早做好技术、物资的供应和储备，并加强冬期施工的消防和安保措施。在项目雨期施工过程中，既要合理地确定施工项目和施工进度，又要做到晴、雨结合，尽量增加有效施工天数，同时要做好现场排水和防洪准备，采取有效的道路防滑和防沉陷措施，并加强施工现场物资管理工作。同时要考虑季节影响，一般大规模土方和深基础施工应避开雨期。寒冷地区入冬前应做好围护结构，冬期以安排室内作业和结构安装为宜。

2.2 工程开工前的要求和措施

2.2.1 施工准备工作的要求

工程项目开工前，全场性和首批施工的单位工程的施工准备工作必须达到以下要求：
(1) 施工图纸经过会审，图纸中的问题和错误已经修正。
(2) 施工组织设计或施工方案已经批准和进行了交底。
(3) 施工图预算已编制和审定。
(4) 施工现场的平整，水、电、路以及排水渠道已能满足开工后的要求。
(5) 施工机械、物资能满足连续施工的需要。
(6) 工程施工合同已签订，施工组织机构已建立，劳动力已经进场，能够满足施工要求。
(7) 开工许可证已办理。

具备以上要求，可以正式开工。具备开工条件不等于一切准备工作都已完成，这些准备还是初步的，除此以外，还有些准备工作可在施工开始以后继续进行。总之，施工准备工作要走在施工之前，同时还要贯穿于整个施工过程之中。

2.2.2 做好施工准备工作的措施

1. 编制施工准备工作计划

施工准备工作计划是施工组织设计的内容之一，其目的是布置开工前的、全场性的及首批施工的单位工程的准备工作，内容涉及施工必需的技术、人力、物资、组织等各个方面，使施工准备工作有计划、有步骤、分阶段、有组织、全面有序地进行。施工准备工作计划应依据施工部署、施工方案和施工进度计划进行编制，各项准备工作应注明工作内容、起止时间、责任人（或单位）等，可根据需要采用表格（见表2-1）、横道图（管理学上通称甘特图）或网络图（见图2-2）等形式表达。

施工准备工作计划表 表 2-1

序号	项目	施工准备工作内容	负责单位及责任人	涉及单位	起止时间	备注

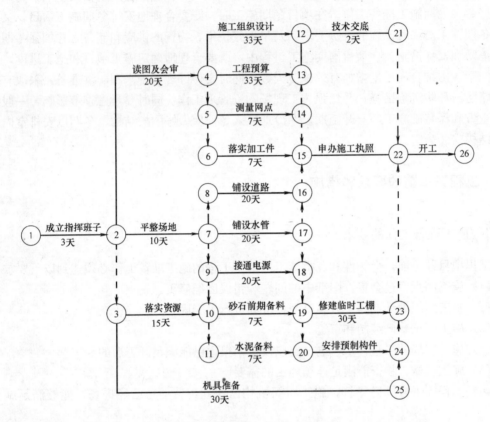

图 2-2 施工准备工作计划网络图

2. 建立施工准备工作岗位责任制

准备工作由项目经理部全权负责，依据施工准备工作计划，通过岗位责任制，使各级技术负责人明确施工准备工作的任务内容、时限、责任和义务，将各项准备工作层层落实。

3. 建立施工准备工作检查制度

对准备工作计划提出的工作进行检查，不符合计划要求的项目应及时修正，使施工准备工作按计划要求落到实处。检查工作可按周、半月、月度进行定期检查与随机检查相结合。如果没有完成计划要求，应进行分析，找出原因，排除障碍，协调施工准备工作进度或调整施工准备工作计划。检查的方法可用实际进度与计划进行对比或与相关单位和人员定期召开碰头会，当场分析产生问题的原因，及时提出解决问题的办法。后一种方法见效快，解决问题及时，现场采用的较多。

4. 按施工准备工作程序办事

施工准备工作程序是根据施工活动的特点总结出的施工准备工作的规律。按程序办事，可以摸清施工准备工作的主要脉络，了解施工准备工作各阶段的任务及顺序，使施工准备工作收到事半功倍的效果。施工准备工作的一般程序如图2-3所示。

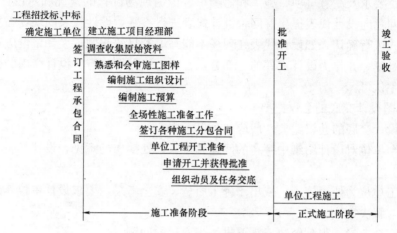

图2-3 施工准备工作程序图

5. 执行开工报告审批制度

当施工准备工作完成达到具备开工条件后，项目经理部应拟定申请开工报告，报请企业领导审批方可开工。实行建设监理的工程，企业还应将申请开工报告送监理工程师审批，由监理工程师签发开工通知书。重要或特殊工程应报主管部门审批方可开工。申请开工报告要说明开工前的准备工作情况、具有法律效力的文件的具备情况等。

6. 施工准备工作应贯穿施工全过程

施工准备工作本身具有阶段性，开工前要进行全场性的施工准备，开工后要进行单位工程施工准备及分部、分项工程作业条件的准备。施工准备工作随施工活动的展开，一步一步具体、层层深入、交错补充地进行。因此，项目经理部应十分重视施工准备工作，并取得企业领导及各职能部门的协作和支持。除做好开工前的准备工作外，应及时做好施工中经常性、交错进行的各项具体施工准备工作，及时做好协调、平衡工作。

7. 注重各方面的支持和配合

由于施工准备工作涉及面广，因此，除了施工单位本身的努力外，还要取得建设单位、监理单位、设计单位、供应单位、银行及其他协作单位的大力支持，分工负责，统一步调，共同做好施工准备工作。

2.3 技术交底

2.3.1 施工图设计技术交底

1. 施工图设计技术交底的目的

技术交底的目的是使参加工程建设的相关人员正确贯彻设计意图，加深对设计文件特点、难点、疑点的理解，完善设计，掌握关键工程部位的技术质量要求。

2. 施工图设计技术交底程序

施工图设计技术交底一般是在工程开工前由业主（或监理）单位主持，业主、设计、监理、施工、质量监督等有关单位参加的情况下进行。首先由设计代表阐述设计概况、设计意图、施工要求及注意事项，施工和监理单位根据现场调查的情况和对设计图的理解，就图纸中的问题向设计代表提出疑问，设计代表进行答疑，设计代表的现场答复，会后应以书面的形式进行确认。如设计代表在现场不能马上答复的问题，设计单位应在规定时间内予以书面答复，并作为设计文件的一部分，在施工中贯彻执行。设计交底的会议纪要需参加各方签字认可。

3. 施工图设计交底的会议纪要

施工图设计交底的会议纪要一般应包含以下内容：

（1）参会单位对设计图纸中存在的问题和矛盾之处提出的意见，设计代表答复同意修改的内容。

（2）施工单位为便于施工，或出于施工质量、安全考虑，要求设计单位修改部分设计的会商结果与解决方法。

（3）交底会上尚未得到解决或需要进一步商讨的问题。

（4）列出参加设计技术交底的单位人员名单，签字后生效。

4. 参加施工图设计技术交底应注意的问题

参加施工图设计技术交底前必须组织项目技术人员结合现场情况对设计图纸进行认真审核，审核中发现的问题应归纳汇总，及时召集有关人员，针对审核中发现的问题进行讨论，弄清设计意图和工程的特点及要求。必要时，可以提出自己的看法或建议。会上拟指派一名代表为主发言人，其他人可视情况适当解释、补充，指定专人对提出和解答的问题做好记录，以便查核。

2.3.2 施工技术交底

1. 项目实行二次施工技术交底的重要性

随着钢结构建筑规模的不断扩大，施工过程中施工队伍多，点多，战线长，施工水平参差不齐等问题开始凸显，在这种情况下，如何保证经理部的经营理念、方针、目标在施工中能够得到有效的贯彻执行，这是需要研究、探索并且必须解决的问题。而采用技术交底的形式就可以作为在施工中贯彻企业经营理念、方针、目标的一个非常好的载体。因此施工技术交底现在已经不仅仅是单纯的一项技术管理工作，而是成为项目为实现预定的工程质量及生产经营目标的一个非常有效的管理手段。施工技术交底在内容上不单要包含技术方面的内容，还要包含质量、进度、安全、环保、现场文明施工等多方面的内容，它是项目实现质量、职业健康安全和环境管理以及生产经营目标的一个管理方法。如果还沿用以前的主要由项目总工程师负责的一次技术交底的形式，显然是不能够满足管理要求的。因此，施工技术交底采用通过按不同层次、不同要求、有针对性地进行二次交底，能够更好地适应目前的项目管理模式，可以让所有参加施工的技术人员都参与到施工技术交底工作中来，充分发挥其工作主动性，提高业务水平，更好地发挥在现场的督促、检查、指导作用，确保项目整体目标的实现。

2. 施工技术交底的目的和任务

通过技术交底，使参与施工活动的每一个技术人员都能熟悉和了解所承担工程的特点，特定的施工条件、设计意图、施工组织、技术要求、质量标准、施工工艺、有针对性的关键技术措施、安全措施、环保要求、工期要求和在施工中应注意的问题，使参与施工操作的工人都能了解自己所要完成的分部、分项工程的具体工作内容、操作方法、施工工艺、质量标准、安全、环保、文明施工等注意事项。做到任务明确，心中有数，各工种之间配合协作，工序交接井井有条，有序施工，各施工作业点都能按照施工组织设计中的要求组织施工，从而达到提高工程质量、圆满履行合同的目的。

3. 施工技术交底的形式

施工技术交底必须以书面材料结合会议交底的形式进行。采用这种方式的目的，一是有据可查，明确交底人与被交底人之间的责任；二是便于参加技术交底人员实行互动，进行必要讨论，发挥集体智慧；三是便于准确理解施工技术的交底内容。

4. 施工技术交底步骤

（1）项目施工技术总体交底：工程开工前，由项目经理主持，交底人（项目总工程师）就工程总体以分项工程为单元进行总体技术交底，参加人员为本项目各部门负责人、分项工程负责人及全体技术人员。

在此基础上，技术交底分两级进行。

（2）第一级施工技术交底：交底人是项目技术部门负责人或项目总工程师，就每分部工程以分项工程为单元向分项工程负责人和相关技术人员进行交底；重点工程、重要分项工程的技术交底应由项目总工程师亲自主持。

（3）第二级施工技术交底：交底人为分项工程技术负责人，就每分项工程以工序为单元向工序技术员、工班长或工序负责人、主要操作人员进行技术交底。

5. 各级施工技术交底的主要内容

施工技术交底由于交底的层次、对象不同，因而交底的内容、侧重点也各不相同。

（1）总体施工技术交底：在工程开工前，项目总工程师应依据项目实施性施工组织设计、施工图纸、合同文件和现场实地调查情况等拟定技术交底文件，对工程总体情况进行全面交底。

（2）一级施工技术交底：在项目分部（项）工程开工前，由项目工程技术部负责人（或总工程师）根据施工组织设计、施工图纸、合同文件和总体交底内容等拟定技术交底文件，对分部（项）工程进行施工技术交底。

（3）二级施工技术交底：现场技术负责人在接受第一级技术交底后，按自己所分管的工程范围，要进一步学习相关合同文件，了解设计意图，并根据批准的实施性施工组织设计、单项（分项、分部工程）施工方案、关键工序、特殊工序施工方案、作业指导书以及现场实际情况和上级技术交底要求等，拟定具体的实施方法和步骤，补充完善必要的技术措施，在每个施工项目作业前，有针对性地进行详细技术交底。

2.3.3 施工技术交底的要求与注意事项

1. 施工技术交底的要求

（1）技术交底必须在工程施工前进行，作为整个工程和分部、分项工程施工前准备工作的一部分，做到时间上要及时。要根据交底项目的实施难度情况，有一定的提前量，给相关人员留有充分的消化和准备时间。

（2）技术交底应符合国家有关技术标准、工程质量检验评定标准、施工规范、规程、工艺标准等的相关规定，满足设计施工图纸及合同文件中的技术要求。

（3）技术交底应符合项目施工组织设计中的有关施工技术方案、技术措施、施工进度等有关要求，符合和体现上一级技术交底中的意图和具体要求。

（4）二级技术交底是责任到人、奖罚到人、监督到人的管理制度。

（5）技术交底必须有的放矢，内容充实，具有针对性和指导性。应根据施工项目的特点、环境条件、季节变化等情况及分部分项工程的具体要求，重点突出，其施工工艺、质量标准、安全措施及环保措施等均应分别有针对性的具体说明。

（6）对易发生施工质量通病和安全事故的工序和工程部位，在技术交底时，应着重强调各种预防施工质量通病和安全事故发生的技术措施和注意事项。

（7）交底内容应结合质量、职业健康安全和环境"三位一体管理体系"的要求，在进行技术交底的同时，进行质量、安全、环境方面的技术交底。

（8）应建立施工技术交底台账。整个施工过程包括各分部分项工程的施工均须作技术交底，技术交底不要漏项，不要只进行主体工程交底而忽略附属工程。

（9）所有书面技术交底，均应经过项目总工程师的审核，字迹要清楚、完整，数据引用正确。技术交底会议记录应保存完整，交底方和被交底方的双方负责人必须履行交底签字手续。

2. 施工技术交底应注意的问题

（1）技术交底应严格执行施工规范、规程及合同文件要求，不得任意修改、删减或降低工程质量标准。

（2）技术交底应将项目的质量目标贯穿其中。项目在施工组织设计中提出的质量目标要在技术交底中得到体现。在交底的深度上，对影响工程内在、外观质量的关键机械设备、模板、施工工艺等应有明确的强制性要求。

（3）进行技术交底时，可根据需要，邀请业主、设计代表、监理和有经验的操作工人等相关人员参加，必要时对交底内容作补充修改。对于涉及已经批准的施工方案、技术措施的变动，应按有关程序进行审批后执行。

（4）技术交底应注重实效，做到责任落实到人，方法、步骤落实到位，不要为了应付检查而流于形式。

（5）加强对技术交底的效果进行督促和检查。各级技术管理人员在施工过程中要强化检查力度，发现施工人员不按交底要求施工时应立即予以阻止、纠正、处罚。

（6）如施工方案、技术措施等前提情况发生变化，应及时对交底内容作补充修改。

（7）对于技术难度大、采用"四新"技术等的关键工序，应进行内容全面、具体而详细的技术交底。

3 施工现场的技术管理

施工现场技术管理的主要任务是运用管理的职能与科学的方法，在施工中正确贯彻国家技术政策和建设单位、监理、公司有关技术工作的指示与决定，科学地组织各项技术工作，保证施工的每一工序符合技术规范、规程的要求，落实实施性施工组织设计所确定的技术任务，达到高效优质完成施工任务的目的，使技术与成本、技术与质量、技术与安全、技术创新与进度达到辩证统一。

现场技术管理工作主要包括现场技术复核、解决现场技术问题、关键工序控制、工程记录（包括会议记录、洽商记录、施工日志、工程影像）等，现场专项技术有统计技术、监测技术等。

3.1 技术复核

一般来说，技术复核的工作内容有：

（1）在施工准备阶段图纸会审的基础上，每个分项工程开工前，进一步审核施工设计图，如结构内某些构件位置是否互相冲突，目前的原材料、施工工艺控制水平是否能达到设计所要求质量标准（尤其是结构的耐久性）。

（2）在分项、工序施工前审核技术条件是否满足，如质量检测手段、检测工具、检测方案的适应性。

（3）施工设计图和施工方案是否会由于当前施工条件发生变化而需要修改，如地质地层与施工设计图不符。

（4）仔细推敲施工方案的适宜性，根据施工实际情况，调整局部方案，如分析判断方案计算中各种安全系数是否得当、安全系数要考虑施工人员落实方案的程度等。

（5）对于"四新"、技术革新的施工工艺，应随时总结分析，稳步推进。

（6）对关键部位或影响全工程的施工工艺进行试验、试载，以避免发生重大差错而影响工程的质量和进度。如混凝土高程泵送、支架预压、路基试验等。

（7）在施工过程中，对重要的和处于工期关键线路上的技术工作，必须在分部、分项工程正式施工前进行复核，以免发生重大差错，影响工程质量和进度。

3.2 解决现场技术问题

1. 技术难点的分析和对策

在实施性施工组织设计中，详细分析工程的技术难点，并提出相应的对策，按分部或分项工程列表。

2. 解决现场技术问题的原则

解决技术问题应坚持"尊重科学，实事求是，安全、质量、进度和成本统筹考虑"的原则，应保证工期关键线路的实现。解决技术问题在参照类似工程中成熟的经验的基础上,尊重合同文件中"技术规范"的有关条款,依据现行技术标准(规程、规范、规定等),综合考虑对工程进度的影响和可能引起的费用变化。解决技术问题要有科学理论依据,必要时要经过计算、验算、复核、报批后才能实施。当技术问题涉及变更、延期等合同问题时,应根据合同条件和现实情况提出相应的评价。

解决技术问题既要尊重设计,又要考虑从工程施工实际出发,尽可能便于实施,尽可能控制成本,当意见有分歧时,应充分协调各方意见,以理服人。提倡在现场解决问题,即在尊重设计意图,听取业主、监理工程师意见的基础上,尽可能使大量施工技术问题在现场得到及时解决。较大技术问题,或有分歧意见的技术问题,可提前请公司组织专题技术会议研究解决。

召开现场施工技术性会议,宜考虑邀请业主、设计、监理参加。

3. 建立技术咨询渠道

如技术难点的技术水平处于集团企业内领先,可与企业内相关专家取得联系,加强技术信息往来,或者成立专家委员会按照计划进行技术咨询论证。

如技术难点的技术水平处于国内领先,应尽可能多地聘请国内专家成立专家委员会按照计划进行技术咨询论证,必要时通过邀请或国际招标选择国外工程管理咨询公司、专家进行技术课题立项来解决。

3.3 关键工序

每个分项工程都是由多个工序组成,分为一般工序、关键工序。一般工序指的是对施工质量影响不大的常见工序,例如土方开挖。关键工序是对施工质量有重要影响的工序,或是对项目来说在技术上或管理上有困难的工序,这些工序要求项目根据标准规范结合自身情况编制施工方案、作业指导书等工艺文件。

在施工项目中,对于具有以下特征的工序必须编制作业指导书:

(1) 对于施工缺陷仅在后续工序或使用后才能暴露出的工序,例如,某些特殊部位的焊接,在焊接过程中,焊接的质量无法检验,只有在下一工序或产品投入使用后,才可能发现其缺陷。

(2) 下道工序完成后无法进行检测的工序。例如,混凝土浇筑前的钢筋绑扎。这些过程完成后,都无法进行检验,无法判定产品质量的好与坏。

(3) 检测成本太高的工序,最好通过技术管理来保证质量。例如,金属焊接,虽然根据设计要求,对焊缝要进行探伤,但是探伤是有比例的,不能做到每一条焊缝都探伤,如果对每一条焊缝都做检测,成本太大。

作业指导书编写的原则:

首先要对项目施工中的关键工序、特殊工序进行识别并作出总的规定,包括定义哪些为关键工序,应采用什么样的方法进行控制,所用设备是如何控制的,对人员资格有何要求,应产生哪些记录。并注明当发生人、机、料、法、环等因素的变化时应重新识别关键工序、特殊工序,对关键工序、特殊工序要进行"三认可制度"(方案认可、设备认可、人员资质认可)。例如,主体结构金属焊接应是关键工序,应该在焊接前作出工艺评定,电焊设备完好,设备上所用电流表、电压表都在检定期限内,焊接人员必须有相应等级的国家颁发的资格证书，在施焊时要按照工艺评定的要求控制电流、电压，并做好焊接记录。

对每一个工程项目来说，由于具体人员、设备机具、环境的不同，对关键工序、特殊工序所采用的控制方法也不同，这些具体的施工方法在施工方案或作业指导书中应得到体现。例如，设立检查点，并对监测参数、频次、人力资源分布、人员资格要求、施工依照的标准规范、施工具体作业程序和要求、机具安排、天气温度的要求、周边环境、应该产生的记录等情况作详尽的表述和明确规定。

作业指导书应经过项目总工程师的批准，确保规定和要求、措施得当才能实施。在作业指导书中对设备作出要求后，施工时还要再次对所需设备作出认定才能开始施工。

关键工序、特殊工序中对作业人员的资格要求比较严格，作业人员必须要有资格证书才能施工。国家或行业要求有资格证的岗位作业人员必须具备国家要求的资格证书。对于国家和行业暂时还未要求有资格证的岗位，作业人员必须经过项目的相关培训，考核合格后才能进行作业。

关键工序、特殊工序施工中，要加强事先预防、停点检查、重点监控，运用统计技术和工具对关键工序、特殊工序的工艺参数进行检测、分析，根据分析的结果采取相应的措施，防止出现异常现象。只有这样，才能减少或杜绝质量问题。

3.4 工程记录

工程记录包括技术记录、管理记录，这里所指的工程记录与技术资料、竣工资料有一定的区别，工程记录是以工程技术事务、管理事务的发生、发展、完成为主线，项目经理部自己保存的详细的记录，包括会议记录、洽商记录、施工日志、工程影像等。

1. 工程记录的作用

项目经常利用索赔来追回损失、增加利润，索赔能否获得成功主要取决于承包商提供索赔事件的事实依据，即索赔证据，索赔证据之一就是人们常说的工程记录。对项目来说，保持完整、详细的工程记录、保存好与工程有关的个别文件资料是非常重要的。有了详细的工程记录，事先对各种可能出现的问题有所准备，有客观事实作为依据，就拥有主动权，就可有理有节地进行索赔，有理有据地反击甲方的反索赔。

2. 工程记录的要求

（1）真实性。工程记录必须是在实施合同过程中确实存在和发生的，必须完全反映实际情况，经得起对方推敲，虚假证据是违反商业道德的。工程记录应能说明事件发生的过程，应具备关联性，不能零乱和支离破碎，更不能自相矛盾。

（2）及时性。工程记录是工程活动或其他经济活动发生时的同期记录或产生的文件，项目应做好能支持其随后提出索赔所必需的作为索赔理由的当时的记录，任何后补的记录和证据通常不能被认可。

3. 洽商记录

在施工中凡遇到影响成本、进度的技术问题，应及时向业主、设计、监理单位报告。设计变更需要通过洽商记录来反映发生的过程，以利于项目经理部进行索赔，有些设计变更还涉及返工等情况。

洽商记录可作为会议纪要的有益补充。在洽商记录中，应详细叙述洽商的过程、内容及达成的协议或结果。

4. 施工日志

常言道，"好记性不如烂笔头"，这也就是施工日志的重要性所在。

（1）项目施工日志

施工日志是对工程施工全过程概括的记载，是重要的原始资料。在项目执行 ISO9000 系列标准，使质量管理体系有效运行中，施工日志和质量体系各要素有机的结合，进一步显示了它对工程质量的形成和体系审核中不可缺少的积极作用。

施工日志，它是施工形成的重要轨迹，作为现场审核的依据是理所当然的，往往能帮助审核员寻找到质量体系有效运行的客观证据，查到比较真实的情况，同时，项目也能从中发现内部管理上的漏洞。

可以帮助上级管理部门较全面地了解施工情况，如施工进度、质量、安全、工作安排、现场管理水平等。因此，施工现场的施工日志记录是否完整、全面，反映了项目现场施工技术管理的水平。

项目施工日志根据竣工资料的要求，从开工之日起至竣工之日逐日填写，日志所列栏目应逐日逐项填全。项目施工日志与其他工程、质量、体系文件规定的记录不同，它应是一部按时间顺序记载工程项目全程概况的流水账，其记载内容应高度概括、充分突出重点、关键问题，以达到有追溯、查寻和总结的目的。一般应选择以下内容：分部、分项工程内容、施工日期、施工人员概况；技术交底与培训概况；对施工计划与调度概况；对工程质量起主要作用的材料来源与检验情况；对特殊工序和关键工序使用设备概况鉴定的记载；对技术工艺措施变更的记载；施工过程质量检验的概况；对不合格处理概况；工程验收、交付概况；其他特殊情况。

（2）个人施工日志的主要作用

1）根据自己的岗位职责，记录自己应该做的工作内容；记录领导交办的事项和是否按照领导交办的做的记录，为领导检查工作提供依据。

2）记录每天完成的工程量，所投入的机械设备、人员、材料等，为核算提供依据，为项目成本管理提供依据。

3）记录每天机械实际定额，为分析机械设备人员是否达到应该达到的定额提供依据。根据工程计划和实际投入的机械设备人员，分析是否能满足工程计划要求和是否进一步采取措施，为工程进度管理提供依据。

4）记录施工中设计与实际不符的情况，为设计变更提供依据。

5）记录施工中是否达到规范要求，为资料整理、质量评定提供依据。

6）记录工程开工、竣工、停工、复工的简况与时间和主要施工方法、施工方法改进情况及施工组织措施，为以后撰写施工总结及施工论文提供依据。

7）记录新技术、新材料和合理化建议的采用情况及工程质量的改进情况，为以后QC成果提供依据。

（3）个人施工日志的主要内容

总的原则是：①记你应该做的事（岗位职责）；②记你所应接收到、观察到的信息；③记你做的事情；④查你做的事情是否与你应该做的事情（岗位职责）一致；⑤记你所思考到的问题。

一般地，施工日志内容如下：

1）当天施工工程的部位名称、日期、气象，施工现场负责人和各工种负责人的姓名，现场人员变动、调度情况。

2）工程现场施工当天的进度是否满足施工组织设计与计划的要求，若不满足应记录原因，如停工待料、停电、停水、各种工程质量事故、安全事故、设计原因等，当时处理办法，以及建设单位、设计代表与上级管理部门的意见。

3）现场材料情况。例如，钢材、预应力材料品种、规格、数量、厂名、批号、目测钢材情况（如每捆钢筋是否均有标牌，是否生锈，生锈程度等）。

4）记录施工现场具体情况：

① 各工种负责人姓名及其实际施工人数。

② 各工种施工任务分配情况，前一天施工完成情况，交接班情况。

③ 当天施工质量情况，是否发生过工程质量事故，若发生工程质量事故，应记录工程名称、施工部位，工程质量事故概况，与设计图纸要求的差距，发生质量事故的主要原因，应负主要责任人员的姓名与职务，当时处理情况，设计、监理、业主代表是否在现场，在场时他们的意见如何及处理办法。

④ 详细记录当天施工安全情况，如某人违章不戴安全帽进入现场及处理意见。若发生安全事故，应记录出事地点、时间、工程部位，安全设施情况，伤亡人员的姓名与职务，伤亡原因及具体情况，当时现场处理办法，对现场施工影响，包括在场工人思想情绪的影响等。

⑤ 收到的各种施工技术性文件、书面指令、口头指令，无论来自项目经理部内部还是外部单位。

⑥ 现场技术交底与各种技术问题解决过程应做好详细记录。

⑦ 参与隐蔽工程检查验收的人员、数量，隐蔽工程检查验收的始终时间，检查验收的意见等情况。

⑧ 业主、监理、设计单位到现场人员的姓名、职务、时间，他们对施工现场与工程质量的意见与建议。

5. 工程影像资料

工程影像资料包括工程摄像、工程照片，它们能良好地再现工程现场情况、施工管理状况。

（1）作用。

作为能说明施工确切情况的重要辅助资料，工程影像的拍摄和保存很有必要，尤其是隐蔽工程、关键工序的施工过程、施工质量控制过程。工程影像的作用大致有：①记录工程经过；②确认使用材料；③确认质量管理状况；④作为解决问题时的资料和证据。

（2）工程影像的内容。

要在施工组织设计中制订拍摄计划，摄影者必须充分了解工程项目，理解摄影的目的，在充分把握结构的类型、规模、使用材料的基础上，根据竣工资料、项目管理计划等方面的要求确定拍摄内容。

工程影像中，通常具备以下几个要素：日期，工序顺序，场所及施工环境，部位，标识,尺寸,施工状况等。为将以上各要素表示清楚,可借助黑板、卷尺等工具。

(3) 取景方法。

工程影像基本上都不能再补拍,每次拍摄均须认真对待。

1) 全景:一眼即能看清现场整体的进行状况。

2) 局部:表现工程局部实施状况的照片,该点所处位置应能分辨清楚。

3) 利用黑板、卷尺等工具时,黑板上必须记录以下内容:工程名称、建设方、监理方、拍摄日期、拍摄部位、分项工程(如"钢筋工程")、规格和尺寸(如 400mm×800mm,主筋$\phi 25$,箍筋$\phi 10@200$)及施工状况等。照片中有黑板、卷尺时,其中的文字或刻度应能辨别清楚,取景时应注意黑板不要过大或过小。为使拍摄对象易于辨别,应清除其他可移动的物体,并应注意光线及阴影。

为正确判断被拍摄对象的大小,特别是当拍摄局部时,为正确表示被拍摄对象的大小、长短、粗细、形状,有必要加设卷尺。

3.5 统计分析

统计技术是 ISO9000 质量标准的基础之一。统计技术方法很多,常用的测量分析、调查表、头脑风暴法、水平对比法、分层法、排列图、因果图、对策表、树图、关联图、矩阵图、散布图、直方图、正态概率纸、过程能力分析、流程图、过程瘝策程序图、柱状图、饼分图、环形图、雷达图、甘特图、折线图、砖图、01表、PDCA法、控制图、抽样检验、假设检验、正交试验、可靠性分析、参数估计、方差分析、回归分析、时间序列分析、模拟、质量功能展开、数值的修约以及异常数值的检验和处理等多种统计技术方法。

应用统计分析技术对施工过程进行实时监控,科学地区分出施工质量、进度的随机波动与异常波动,从而对施工过程的异常趋势提出预警,以便及时采取技术措施、管理措施,从而达到提高和控制的目的,同时也可以有效控制成本。

随机波动是偶然性原因(不可避免因素)造成的。它对产品质量影响较小,在技术上难以消除,在经济上也不值得消除。异常波动是由系统原因(异常因素)造成的。它对施工质量影响很大,但能够采取措施避免和消除。

3.6 工程监测

工程监测内容主要有:对结构物进行如应力、变形、位移、沉降、温度、表观变化等方面的监测,对临时结构安全指标,理论计算假定的监测,对影响工程质量,安全的环境因素的监测。

项目部要根据实施性施工组织设计(方案)所确定的监测任务及所要求的精确度,进一步设计监测方案,监测方法时应考虑其技术要求,确定监测的方法与步骤,包括监测点布置,观测时间与次数,观测精度及其评定方法。选定的仪器与观测点应与监测精度等技术要求相适应。

3.7 材料代用

巧用材料代用，可产生一定的经济效益。作为工程结构组成的材料代用必须经过设计单位同意并书面签证后，方可使用。

在临时工程施工方案设计前，对库存积压材料、工具进行分析研究，从而进行充分利用。

4 测量管理工作

施工测量就是用距离丈量、角度观测和水准测量来确定地面点的平面位置和高程位置。现代钢结构建筑都比较高大，形状也十分复杂，建筑面积在十几万平方米的钢结构建筑并不鲜见。钢结构施工的每一步都离不开测量工作，所以，测量工作在钢结构建筑施工中不仅是一道重要工序，而且也起着关键的主导作用。

4.1 施工测量常用仪器

1. 水准仪

（1）水准仪的概念与组成

为测定地面点高程而进行的测量工作，称为高程测量，它是测量三要素之一。确定地面点高程的方法有水准测量、三角高程测量、气压高程测量和 21 世纪 90 年代开始使用的 GPS 定位测量。而水准测量是高程测量中精度较高且常用的方法。

水准测量使用的仪器称为水准仪，水准仪全称为大地测量水准仪，按精度分为 $DS_{0.5}$、DS_1、DS_3、DS_{10} 等几个等级。D、S 分别为"大地测量"、"水准仪"的汉语拼音第一个字母，下标数值表示仪器的精度，即该等级仪器对应的 1km 往返水准测量高差中误差，以毫米为单位。$DS_{0.5}$ 和 DS_1 为精密水准仪，DS_3 和 DS_{10} 为普通水准仪。

水准仪由望远镜、水准器和基座三部分组成。图 4-1 是 DS_3 型水准仪的外貌和各部分名称。

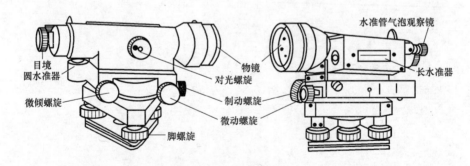

图 4-1 DS_3 型水准仪

望远镜的作用是提供一条照准目标的视线（见图 4-2），主要用于照准目标并在水准尺上读数。望远镜具有一定的放大倍数，DS_3 型微倾式水准仪望远镜的放大率为 28 倍。望远镜是由物镜、目镜、十字丝分划板、物镜及目镜调焦螺旋组成，根据调焦方式不同，望远镜又分为外调焦望远镜和内调焦望远镜两种，现在我们使用的大多是内调焦望远镜。

水准测量一般是从已知水准点开始，经过待定点测量，形成一定的水准路线，求出待定点的高程。当已知点与待定点两点间相距不远，高差不大，且无视线遮挡时，只需安置一次水准仪就可测得两点间的高差。当两水准点间相距较远或高差较大或有障碍物遮挡视

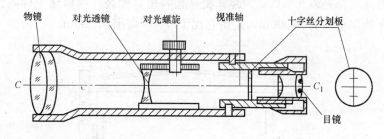

图 4-2 望远镜构造

线时,仅安置一次仪器不可能测得两点间的高差,此时,可以把原水准路线分成若干段,依次连续安置水准仪测定各段高差,最后取各段高差的代数和,即得到起、终点间的高差,如图 4-3 所示。

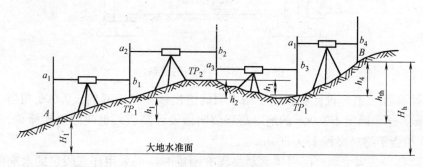

图 4-3 高程测量

(2) 水准测量概念

1) 大地水准面。测量工作是在地球表面进行的,而地球自然表面很不规则,有高山、丘陵、平原和海洋等,若衡量某一点的高度,就要确定一个基准。我国规定以青岛验潮站长期观察和记录黄海海水面的高低变化,取其平均值作为我国的大地水准面的位置,其高程值确定为零,并在青岛建立了水准原点。目前,我国采用"1985 国家高程基准"为基准,青岛水准原点的高程为 72.260m,全国各地的高程都以它为基准进行测算。

2) 高程的概念。

施工测量中经常用到绝对高程、设计高程、相对高程、高差等名词术语,它们的意义如下。

① 绝对高程 地面点到大地水面的铅垂距离,称为该点的绝对高程,也叫海拔。如图 4-4 所示,H_A 和 H_B 即为 A 点和 B 点的绝对高程。如珠穆朗玛峰的高度是海拔 8848.13m,就是说它比大地水准面高 8848.13m。

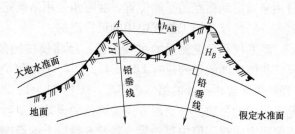

图 4-4 大地水准面与高程

② 建筑标高 在工程设计中,每一个独立的单位工程(一栋建筑物、一座构筑物)都有它自身的高度起算面,叫做±0.000(一般取建筑物首层室内地坪高度)。建筑物结构

本身各部位的高度都是以±0.000为起算面算起的相对标高，叫做建筑标高。如图4-5所示，厂房吊车轨顶标高为9.000m，是指它比±0.000高出9.000m。

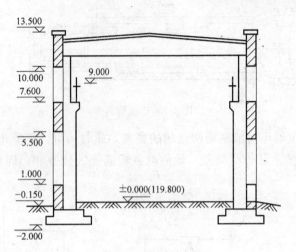

图4-5 高程与标高的关系

③ 设计高程 工程设计者在施工图中明确给出该单位工程的±0.000相当于绝对高程×××m，这个确定±0.000的绝对高程值叫做设计高程，也叫做设计标高。如图4-5中±0.000相当于绝对高程119.800m。

④ 相对高程 当个别地区引用绝对高程有困难时，可采用任意假定的水准面作为起算高程的基准面。如图4-4中地面点到假定水准面的铅垂距离，称为假定高程，也叫做相对高程。

⑤ 高差 两个地面点之间的高程差称为高差。如图4-4中地面上 A、B 两点的高程为已知，那么两点间的高差就可以算出。地面点 A 与 B 之间的高差 h_{AB} 坝为：

$$h_{AB} = H_B - H_A \tag{4-1}$$

2. 经纬仪

(1) 经纬仪的组成

角度测量是确定地面点位的基本测量工作之一。角度测量有水平角和竖直角，水平角是用来确定地面点的平面位置，竖直角是用来确定地面点的标高。角度测量所用工具种类繁多，经纬仪是施工放线中用的最广泛的。

经纬仪是角度测量的主要仪器，经纬仪按测角原理可以分为光学经纬仪和电子经纬仪。我国生产的经纬仪有 DJ_{01}、DJ_1、DJ_2、DJ_6 等类型，"D"、"J"分别为"大地测量"和"经纬仪"汉语拼音的第一个字母，下标01、1、2、6表示该仪器一测回方向观测值中误差不超过的秒数。一测回方向观测值中误差为2秒及2秒以内的经纬仪属于精密经纬仪，一测回方向观测值中误差为6秒及6秒以上的经纬仪属于普通经纬仪。

在工程测量和地形测量中经常使用 DJ_6 型光学经纬仪，由于生产厂家的不同，DJ_6 型经纬仪部件、结构及读数方法不完全一样。DJ_6 型光学经纬仪的外形如图4-6所示，它主要由照准部、水平度盘和基座三部分组成。

1) 照准部。照准部位于仪器基座上方，能够绕竖轴转动。照准部由望远镜、竖直度盘、水准器、光学读数设备、水平制动螺旋与水平微动螺旋、望远镜制动螺旋与望远镜微动螺旋等部件构成。

望远镜用于瞄准目标，由物镜、目镜、十字丝分划板和调焦透镜组成。

竖直度盘（简称竖盘）固定在横轴的一端，用于测量竖直角。竖直角测量时通过调整竖盘指标水准管微动螺旋使竖盘指标水准管气泡居中。目前，有许多经纬仪已不采用竖盘指标水准管，而用竖盘自动归零装置代替其功能。

照准部水准管用于精确整平仪器，圆水准器用于粗略整平仪器。

望远镜在水平方向的转动由水平制动螺旋和水平微动螺旋控制。望远镜与竖盘固连在一起，安置在仪器的支架上，支架上装有望远镜的制动螺旋和微动螺旋，以控制望远镜在竖直方向的转动。

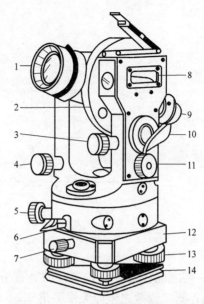

图 4-6　DJ₆型光学经纬仪外形示意图

1—物镜；2—竖直度盘；3—竖盘指标水准仪管微动螺旋；4—望远镜微动螺旋；5—水平微动螺旋；6—水平制动螺旋；7—中心锁紧螺旋；8—竖盘指标水准管；9—目镜；10—反光镜；11—测微轮；12—基座；13—脚螺旋；14—连接板

2）水平度盘。水平度盘是由光学玻璃制成的精密刻度盘，其边缘按顺时针方向刻有分划，分划从 0°～360°，用以测量水平角。

水平度盘的转动可由度盘变换手轮来控制，照准部旋转时水平度盘并不随之转动。如要改变水平度盘的读数，可以转动变换手轮。还有少数仪器采用复测装置，当复测扳手扳下时，照准部与度盘结合在一起，照准部转动，度盘随之转动，度盘读数不变；当复测扳手扳上时，两者相互脱离，照准部转动时就不再带动度盘，度盘读数就会改变。

3）基座。基座位于仪器的下部，由轴座、脚螺旋和底板等部件组成。基座用于支承仪器上部结构，通过中心螺旋与三脚架连接。基座上装有三个脚螺旋，用于整平仪器。

（2）经纬仪的使用

经纬仪是为了测量水平角和竖直角而设计制造的。

1）水平角。水平角是地面上一点至两目标的方向线在水平面上的投影所形成的夹角。如图 4-7（a）所示，地面上有高低不同的 A、O、B 三点，O 为测站点，A、B 两点为两个目标点，OA、OB 两个方向线在水平面上的投影 oa、ob 的夹角 β 为两目标方向线的水平角。因此，水平角 β 就是过 OA、OB 方向的两个竖直平面所夹二面角的平面角。水平角没有负值，取值范围是 0°～360°。

2）竖直角。竖直角是在同一竖直平面内倾斜视线与水平线间的夹角。倾斜视线在水平线的上方，称为仰角，用正号表示，如图 4-7（a）中的 α_1；倾斜视线在水平线的下方，称为俯角，用负号表示，如图 4-7（a）中的 α_2。

3）测角原理。根据水平角和竖直角的定义，可以设想，为了测定水平角，须安置一个带有刻度的水平圆盘（称为水平度盘）。如图 4-7（b）所示，圆盘中心位于角顶点 O 的铅垂线上，并在圆盘中心位置上安置一个既能水平转动，又能在竖直面内作仰俯运动的照

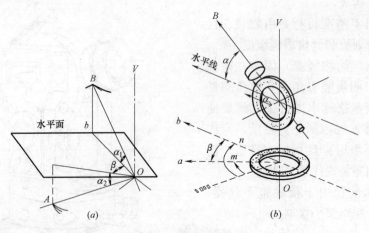

图 4-7 角度示意图

准设备,使之能在通过 OA、OB 的竖直平面内照准目标,并在水平度盘上读取相应的读数 m、n,则二读数之差即为水平角 β。

$$\beta = n - m \quad (当 n > m 时)$$

或 $$\beta = n + 360° - m \quad (当 n < m 时)$$

同理,若再设置一个带刻度的竖直圆盘(称为竖直度盘),就可以测得竖直角 α_0,经纬仪正是根据这个原理而设计制造的。

(3) 经纬仪需具备的主要条件

1) 仪器必须能置于角的顶点上,且仪器中心必须位于角顶铅垂线上。

2) 必须有能安置成水平位置的刻度盘,用来测读角值。

3) 必须有能在水平方向上左右转动,在竖面内上下转动的瞄准设备及指示读数的设备。

经纬仪组成的部件见图 4-8。

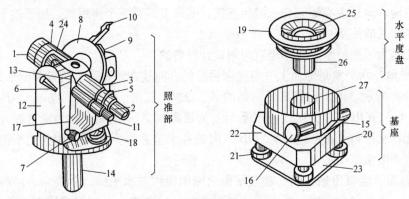

图 4-8 经纬仪组成部件

1—望远镜物镜;2—望远镜目镜;3—望远镜调焦环;4—准星;5—照门;6—望远镜固定扳手;7—望远镜微动螺旋;8—竖直度盘;9—竖盘指标水准管;10—竖盘水准管反光镜;11—读数显微镜目镜;12—支架;13—水准轴;14—竖直轴;15—照准部制动螺旋;16—照准部微动螺旋;17—水准管;18—圆水准器;19—水平度盘;20—轴套固定螺旋;21—脚螺旋;22—基座;23—三角形底板;24—罗盘插座;25—度盘轴套;26—外轴;27—度盘旋转轴套

（4）使用要求

DJ_6型经纬仪在初次使用前应对仪器、脚架进行全面仔细的检视。检视包括：

1）仪器附件按说明书所列内容进行核对，看是否齐全。

2）将仪器对照说明书外观图，逐个熟悉仪器每个部件所在的位置与作用，在了解其性能后，逐个检查所有部件的性能能否满足使用要求。

在不具有检验、校正知识时，不得随意拆卸或拨动各部分的校正螺旋。

经纬仪是一种精密的光学仪器，正确合理地使用和保管，对提高仪器的使用寿命和保证仪器的精度有着重要作用。

掌握仪器的校验知识是必需的，需要有个学习过程。初学时碰到检校调整工作应请具备这方面经验的工作人员给予指导，必须时要送维修部门或生产厂进行修理。

要学习掌握经纬仪使用时的操作程序，熟悉每项操作的具体要求及其相互关系。其顺序是：调整三脚架腿长，使仪器安置高度合适，架好三脚架并踩实，拧紧脚架螺旋→用双手从仪器盒中取出仪器（一手托住照准部、一手托住基座）放在脚架上，随即拧紧脚架头下面的连接螺旋→用垂球或光学对中器进行测站对中（仪器圆水准器应居中）→整平仪器（调脚螺旋后使照准部在任何位置的长气泡均居中）→转动望远镜调焦手轮，调节焦距同时照准目标→进行读数。注意，不要改变操作顺序；旋转照准部前需松开制动螺旋，以免损坏部件；照准目标前要固紧制动螺旋，使用微动螺旋才有效。

若仪器被碰动或发现长气泡偏离中心超过一格，应重新装置仪器进行观测。仪器不应受阳光直射，阳光会对气泡位置产生影响。

（5）DJ_2型光学经纬仪

DJ_2型经纬仪是较为精密的光学经纬仪，用于较高精度的角度测量。DJ_2型经纬仪之所以比DJ_6型经纬仪观测精度高，是因为其照准部水准管的灵敏度较高、度盘格值较小以及读数设备较为精密。就读数设备而言，DJ_2型经纬仪有两个特点。首先，DJ_2型采用对径符合读数法，相当于利用度盘上相差180°的两个指标读数并求其均值，可自动消除度盘偏心的影响并提高读数精度；其次，DJ_2型经纬仪在读数显微镜中只能看到水平度盘或竖直度盘中的一种影响，读数时，需通过换像手轮选择所需要的度盘影响。DJ_2型经纬仪的构造如图4-9所示。

3. 距离测量常用的工具

确定地面点的位置，除了测量水平角和高程外，还要测量两点间的水平距离。水平距离是指地面上两点的连线在水平面上的投影长度。通常所讲的距离若不加说明即为水平距离。下面主要介绍距离测量的方法。

距离测量常用的方法有尺量距、视距法测距、电磁波测距仪测距三种。

（1）尺量距

直线丈量的工具通常有钢尺和皮尺。钢尺的伸缩性较小，强度较高，故丈量精度较高但钢尺容易生锈，且易折断；皮尺容易拉长，量距较为粗略，因此量距精度不高。

1）钢尺，又称钢卷尺。由薄钢带制成，宽约10～15mm，厚约0.4 mm，尺长有20m、30m、50m等几种，卷放在金属架上或圆形盒内，如图4-10所示。钢尺的基本分划为毫米，在每米及每厘米处刻有数字注记。由于尺的零点位置不同，钢尺可分为端点尺和刻线尺。端点尺是以尺环外缘作为尺子的零点，而刻线尺是以尺的前端刻线作为起点。

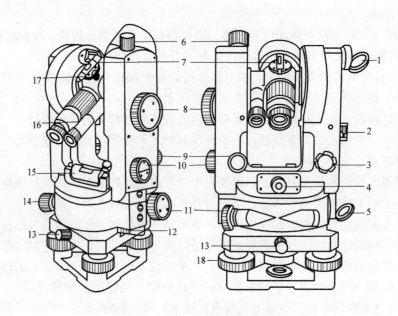

图 4-9 DJ₂ 型光学经纬仪外形图

1—竖盘反光镜；2—竖盘指标水准管观察镜；3—竖盘指标水准管微动螺旋；4—光学对中器目镜；5—水平度盘反光镜；6—望远镜制动螺旋；7—光学瞄准器；8—测微手轮；9—望远镜微动螺旋；10—换像手轮；11—水平微动螺旋；12—水平度盘变换手轮；13—中心锁紧螺旋；14—水平制动螺旋；15—照准部水准管；16—读数显微镜；17—望远镜反光扳手轮；18—脚螺旋

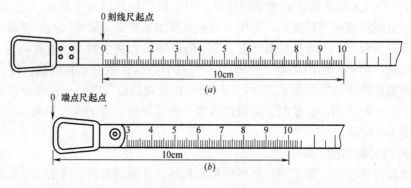

图 4-10 钢尺

2) 皮尺。皮尺是用麻线织成的带状尺子，又称为布卷尺。皮尺上注有厘米分划。由于皮尺容易拉长，因此只能用于精度要求较低的地形测量和一般丈量工作。

3) 量距的辅助工具。量距的辅助工具有垂球、测钎、标杆等。垂球用于对点；测钎用于标定所量距离每尺段的起终点和计算整尺段数；标杆又称花杆，用于显示点位和标定直线方向。

(2) 视距法测距

视距测量是可以同时测定两点间的水平距离和高差的一种测量方法。视距测量操作简便，不受地形的限制，但测距精度较低，相对中误差一般为 1/300，侧高差的精度也低于水准测量，主要用于地形测量中。

在经纬仪或水准仪的十字丝平面内,与横丝平行且等间距的上、下两根短丝称为视距丝,也叫做上下丝,如图 4-11 所示。在 A 点安置仪器,并使其视线水平,在 B 点竖立标尺,则视线与标尺垂直。上、下丝在尺子上的读数分别为 M、Q,上、下丝读数之差即为尺间隔 n,即 $QM=n$,物镜焦距为 f,物镜中心到仪器中心的距离为 δ,由相似三角形 $\triangle m'q'F$ 和 $\triangle MQF$ 得:

$$\frac{d}{f}=\frac{n}{p}$$

所以
$$d=\frac{f}{p}n$$

A、B 间的水平距离为: $D=d+f+\delta=\frac{f}{p}n+f+\delta$

令 $K=\frac{f}{p}$,$C=f+\delta$,则有:$D=Kn+C$

式中,k 称为视距乘常数;C 称为视距加常数。

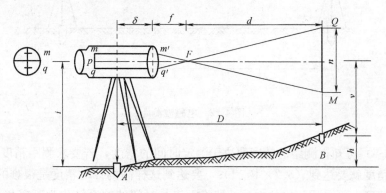

图 4-11 视距测量

设计仪器时使 $K=100$,$C=0$,因此,当视准轴水平时,计算水平距离的公式为:
$$D=Kn \tag{4-2}$$

设十字丝中丝的读数为 v,通常称 v 为切尺,仪器的高度为 i,则测站点到立尺点的高差为:
$$h=i-v \tag{4-3}$$

如果已知测站点的高程 H_A,则立尺点 B 的高程为:
$$H_B=H_A+h=H_A+I-v \tag{4-4}$$

(3) 电磁波测距

电磁波测距是用电磁波(光波、微波)作为载波的测距仪器来测量两点间距离的一种方法,电磁波测距仪也称光电测距仪。它具有测距精度高、速度快、不受地形影响等优点。

电磁波测距仪按其所采用的载波可分为微波测距仪、激光测距仪、红外测距仪;按测程可分为短程(测距在 3km 以内)、中程(测距在 3~15km)、远程(测距在 15km 以上);按光波在测段内传播的时间测定可分为脉冲法、相位法。

微波测距仪和激光测距仪多用于远程测距,红外测距仪用于中、短程测距。在工程测量中,大多采用相位法短程红外测距仪。

1）测距仪的基本结构。电磁波测距仪主要包括测距仪、反射棱镜两部分。测距仪上有望远镜、控制面板、液晶显示窗、可充电池等部件；反射棱镜有单棱镜和三棱镜两种，用来反射来自测距仪发射的红外光。

欲测量 A、B 两点间的水平距离，如图 4-12 所示，在 A 点安置测距仪，B 点安置反光测距仪，发出一束红外光由 A 点传到 B 点，再回到 A 点，则 A、B 两点间的水平距离为：

$$D = \frac{1}{2}ct \tag{4-5}$$

式中，c 为电磁波在大气中的传播速度（m/s）；t 为电磁波在所测距离的往返传播时间（s）。

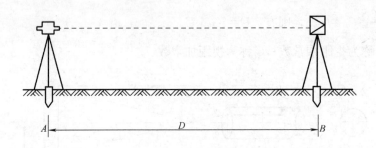

图 4-12　电磁波测距

由式（4-5）可知，测距的精度取决于测定时间的精度，若要求测距精度达到 ± 1cm，那么时间的精度就要达到 (6.7×10^{-11})s，要达到这样高的计时精度是很难的。因此，为了提高测距精度，可采用间接的方法，即将距离与时间的关系转化为距离与相位的关系，从而求出所测距离。

2）测距仪的使用：

① 在待测距离的一端（测站点）安置经纬仪和测距仪，经纬仪对中、整平，打开测距仪的开关，检查仪器是否正常。

② 在待测距离的另一端安置反射棱镜，反射棱镜对中、整平后，使棱镜反射面朝向测距仪方向。

③ 在测站点上用经纬仪望远镜瞄准目标棱镜中心，按下测距仪操作面板上的测量功能键进行测量距离，显示屏即可显示测量结果。

4.2　测绘新技术简介

1. 全站仪

全站仪是全站型电子速测仪的简称，它是由光电测距仪、电子经纬仪和数据处理系统组成。

用全站仪可以任意测算出斜距、平距、高差、高程、水平角、方位角、竖直角，还可以测算出点的坐标或根据坐标进行自动测设等测量工作。

(1) 全站仪的结构原理

全站仪按结构可分为分体式和整体式两种。分体式全站仪的测距部分和电子经纬仪不是一个整体，测量时，将光电测距仪安装在电子经纬仪上进行，作业结束后卸下来分开装箱。整体式全站仪则将测距仪与电子经纬仪结合在一起，形成一个整体，使用更为方便。按数据存储方式来分，全站仪可分为内存型与电脑型。内存型全站仪所有程序固化在存储器中，不能添加，也不能改写，因此无法对全站仪的功能进行扩充，只能使用全站仪本身提供的功能；而电脑型全站仪则内置 Microsoft DOS 等操作系统，所有程序均运行于其上，可根据测量工作的需要以及测量技术的发展，操作者可进行软件的开发，并通过添加程序来扩充全站仪的功能。

全站仪的结构原理如图 4-13 所示。键盘是测量过程中的控制系统，测量人员通过按键调用所需要的测量工作过程和测量数据处理。图 4-13 中左半部分包含有测量的四大光电系统：测水平角、测竖直角、测距和水平补偿。以上各系统通过 I/O 接口接入总线与数字计算机系统连接。

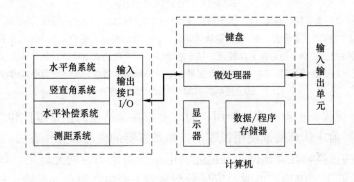

图 4-13　全站仪的结构原理

微处理器是全站仪的核心部件，仪器瞄准目标棱镜后，按操作键，在微处理器的指令控制下启动仪器进行测量工作，可自动完成水平角测量、竖直角测量、距离测量等测量工作。还可以将其输出处理成指定的平距、高差、方位角、点的坐标和高程等结果，并进行测量过程的检核、数据传输、数据处理、显示、存储等工作。输入、输出单元是与外部设备连接的装置（接口），它可以将测量数据传输给计算机。为便于测量人员设计软件系统，处理某种目的的测量工作，在全站仪的数字计算机中还提供有程序存储器。

目前，市场上全站仪的产品主要有：日本拓普康（Topcon）公司的 GTS 系列、索佳（Sokkia）公司的 SET 系列及 PowerSET 系列、宾得（Pentax）公司的 PTS 系列、尼康（Nikon）公司的 DTM 系列；瑞士徕卡（Leica）公司的 WildTC 系列；中国南方测绘公司的 NTS 系列等。

无论哪个品牌的全站仪，其主要外部构件均由望远镜、电池、显示器及键盘、水准器、制动和微动螺旋、基座、手柄等组成，如图 4-14 所示。

(2) 全站仪使用的注意事项与保养

全站仪是一种价格昂贵、结构复杂、制造精密的光电仪器。使用全站仪时，必须严格

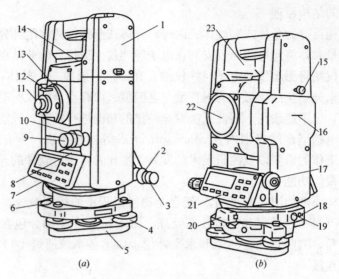

图 4-14 全站仪外形图

1—电池；2—水平制动螺旋；3—水平微动螺旋；4—底脚螺旋；5—基座底扳；6—圆水准器；7—操作键；8—水准管；9—望远镜微动螺旋；10—望远镜制动螺旋；11—望远镜目镜；12—望远镜把手；13—望远镜调焦螺旋；14—瞄准器；15—电池锁定螺钉；16—仪器中心标志；17—光学对中器望远镜；18—外部电池接口；19—串行信号接口；20—度盘变换螺旋护盖；21—显示屏；22—物镜；23—提手

遵循一定的操作规程，正确熟练地使用，同时要加强全站仪的正常维护和保养。

1）使用仪器前应认真阅读使用说明书，熟悉仪器的性能和操作方法。

2）新购置的仪器，在首次使用前应先将电池按规定的时间充好电。仪器较长时间不用时，应将电池卸下。电池充电时，应尽量在常温下充电，避免在过冷、过热和潮湿的环境下充电。

3）未安装滤光片时，不能将物镜直接对准阳光，否则，高温会毁坏仪器内部元件。

4）当仪器所处环境温度发生变化时，需要将仪器露天放置一会才能使用，否则，会造成仪器与棱镜测程的降低。

5）观测时，要避开高压线、发电机、电动机等干扰，视线方向上不能有玻璃镜等反光物体。

6）在阳光和阴雨天作业时，应打伞遮阳、避雨。在潮湿环境下使用完毕后，应用软布擦干仪器表面水珠后才可装箱。

7）仪器在转站时，应将仪器装箱搬运，切忌连在脚架上直接搬运。

8）仪器在保养及运输过程中应注意防潮、防高温、防尘及防振。

9）使用仪器作业时，操作者不可离开仪器，以免发生意外。

2. GPS 全球定位系统

GPS 全球定位系统是"授时、测距导航/全球定位系统"的简称，是以卫星为基础的无线电导航定位系统，能为各类用户提供精密的三维坐标、速度和时间。

GPS 全球定位系统包括三大部分：空间部分-GPS 卫星星座；地面控制部分—地面监控系统；用户设备部分-GPS 信号接收机，如图 4-15 所示。

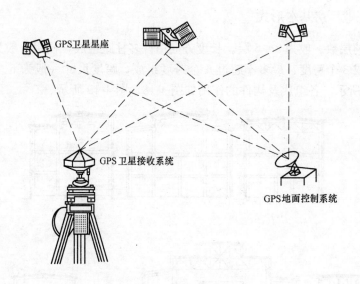

图 4-15 GPS 系统的组成

4.3 钢结构工程定位放线

下面以工业厂房为例,介绍钢结构工程定位的放线。工业厂房建筑按其层数一般可分为单层工业厂房和多层工业厂房。单层工业厂房主要适用于重工业生产车间,多层工业厂房主要适用于轻工业生产车间。另外,化学工业的生产车间类型为复合式,即有单层,又有多层的形式。

4.3.1 单层工业厂房平面、剖面形式

单层工业厂房的平面形式可分为单跨、双跨、三跨等,如图 4-16 所示。它们的跨度尺寸一般有 12、15、18、30m 等。平面布置主要取决于生产工艺流程。

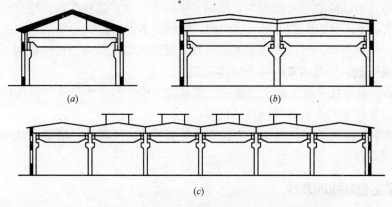

图 4-16 单层厂房
(a) 单跨;(b) 双跨;(c) 多跨

4.3.2 多层工业厂房基本形式

多层厂房的层数一般为 2～6 层。长度方向由许多柱距组成,柱距一般为 6m。宽度方向由两个跨度或 3 个跨度、最多不超过 6 个跨度组成,跨度尺寸一般为 6、7.5、9、12m 等,如图 4-17 所示。各组成及构件的作用如图 4-18、图 4-19 所示。

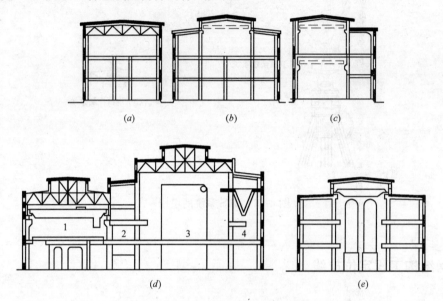

图 4-17 多层工业厂房（汽轮机厂房）
1—汽机间；2—除氧间；3—锅炉间；4—煤斗间
(a)、(b)、(c) 多层厂房；(d) 层次混合的厂房

(1) 屋盖结构：包括屋架（或屋面梁）、屋面板及天窗架。屋面板直接承受其上部的所有荷载并将荷载传给屋架。屋架承受屋面板传来的荷载及其自重、天窗架的荷载、屋架支承系统的荷载、悬挂吊车时的全部荷载,并将这些荷载传给柱子。

(2) 吊车梁：支承在柱子的牛腿上,承受吊车荷载及自重。吊车荷载包括：自重、吊起的重物荷载,启动或制动时的纵向、横向水平冲力,并将这些荷载传给柱子。

(3) 柱子：是厂房结构的主要承重构件,它承受多方面荷载的作用,如屋架传来的荷载,吊车梁传来的荷载,纵向外墙上的风荷载,通过山墙抗风柱顶传给屋架再由屋架传给柱子的山墙风荷载,如有墙梁时部分墙体荷载等。

(4) 基础：承受柱子传来的全部荷载,由基础梁传来的墙体荷载以及基础自重,柱间支撑系统荷载并将这些荷载均匀地传给地基。

(5) 外墙围护结构系统：包括厂房四周的外围护墙、抗风柱、墙梁、基础梁等,其作用主要是传递荷载。

4.3.3 厂房定位轴线的放线

厂房的定位轴线分为纵向和横向定位轴线,它们在平面上垂直相交,形成纵、横柱网。起着确定厂房各主要承重构件位置及相互关系的作用,是建筑施工定位放线的主要依据，如图 4-20～图 4-22 所示。

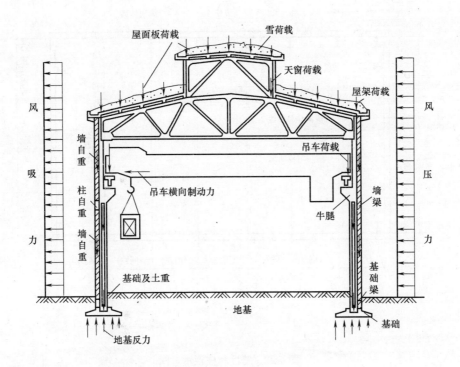

图 4-18 单层厂房的主要荷载示意

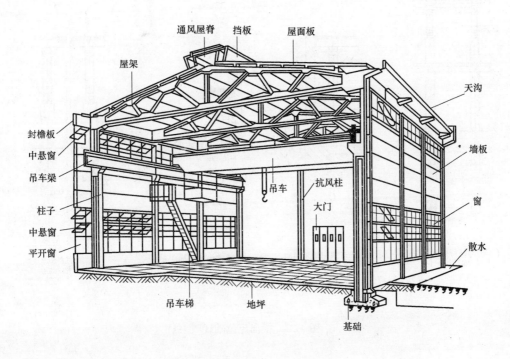

图 4-19 工业厂房的组成

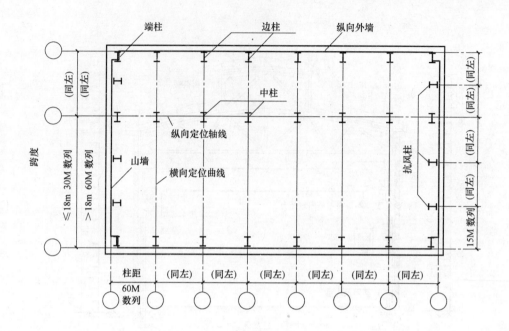

图 4-20　跨度和柱距示意图

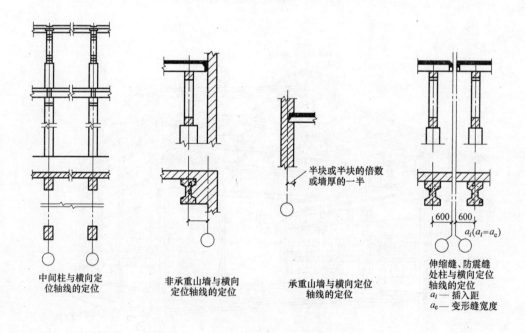

图 4-21　横向定位轴线

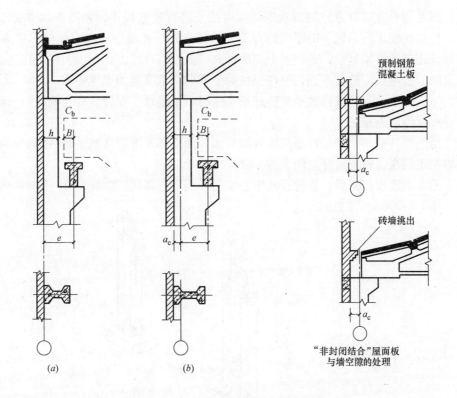

图 4-22 边柱与纵向定位轴线的定位

h—上柱截面高度；B—吊车侧方尺寸；C_b—吊车侧方间隙；a_c—联系尺寸；e—吊车梁中心至柱边距离

4.4 吊装测量

构件安装测量主要包括柱子安装测量、吊车梁安装测量、吊车轨道安装测量等。

1. 柱子安装测量

(1) 柱子安装测量的精度要求：

1) 柱脚中心线应对准柱列轴线，其偏差不得超过±5mm。

2) 牛腿面高程与设计高程一致，其误差不得超过±5mm。

3) 柱子的垂直度，其偏差不得超过±3mm，当柱高大于 10m 时，垂直度可放宽。

(2) 柱轴线投测与校正

在柱子吊装前，应根据轴线控制桩将柱列轴线投测到基础顶面上，并且用红油漆标出"▲"标记，如图 4-23 所示。同时在杯口内壁测设一条距杯底的设计高为一个整分米的标高线，并在柱子的侧面弹出柱中心线。吊装时，柱子插入基础杯口内后，使柱子上的轴线与基础上的轴线对齐，用两架经纬仪

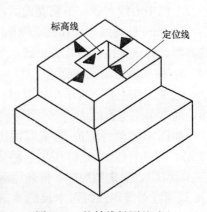

图 4-23 柱轴线投测基础上

分别安置在互相垂直的两条柱列轴线附近，对柱子进行竖直校正，如图 4-24 所示。校正方法是：经纬仪安置在离柱子的距离约为 1.5 倍柱高处。先瞄准柱脚中线标志"▲"，固定照准部并逐渐抬高望远镜，若柱子上部的标志"▲"在视线上，则说明柱子在这一方向上是竖直的。否则，应进行校正，使柱子在两个方向上都满足铅直度要求。

在实际工作中，常把成排柱子都竖起来，这时可把经纬仪安置在柱列轴线的一侧，使得安置一次仪器就能校正。

校正用的经纬仪必须经过严格的检查和校正，照准部水准管气泡要严格居中，要避免日照影响校正精度，校正最好在阴天或早晨进行。

柱子的垂直度校正好后，要检查柱中心线是否仍对准基础定位线。

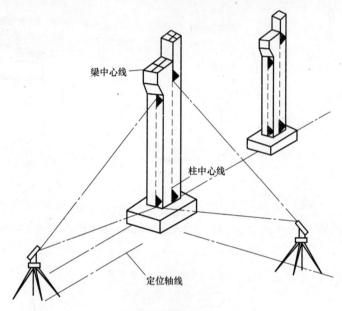

图 4-24 柱轴线校正

2. 吊车梁安装测量

吊车梁安装前，先弹出吊车梁顶面中心线和两端中心线，并在一端安置经纬仪瞄准另一端，将吊车轨道中心线投测到牛腿面上，并弹以墨线。吊装时，使吊车梁端中心线与牛腿面上的中心线对齐。吊装完成后，应检查吊车梁面的标高，可先在地面上安置水准仪，将±500mm 标高线测设在柱子侧面上，再用钢尺从该线起沿柱子侧面向上量出至梁顶面的高度，检查梁面标高是否正确。然后在梁下用钢板调整梁面高程，使之符合要求。

3. 吊车轨道的安装测量

这项工作主要是将吊车轨道中心线投测到吊车梁上，由于在地面上看不到吊车梁的顶面，通常采用平行线法。

如图 4-25 所示，首先在地面上从吊车轨道中心线向厂房中心线方向量出长度 a (1m)，得平行线 $A''A''$ 和 $B''B''$。然后安置经纬仪于平行线的一端点 $A''(B'')$，瞄准另一端点 $A''(B'')$，固定照准部，仰起望远镜投测。此时另一人在梁上移动横放的小木尺，当 1m 刻划线对准视线时，木尺的零刻划线与梁面的中心线应该重合。如不重合应予以改正，可用撬杠移动吊车梁，使梁中心线与 $A''A''$ ($B''B''$) 的距离为 1m。

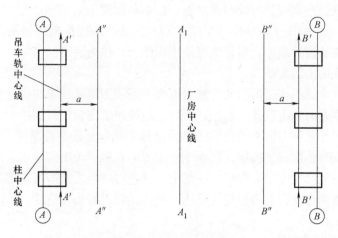

图 4-25 吊车轨道安装测量

吊车轨道按中心线就位后,再将水准仪安置在吊车梁上,水准尺直接放在轨道面上,根据柱子上的标高线,每隔 3m 检测一点轨面标高,并与其设计标高比较,误差应在 ±3mm 以内。还要用钢尺检查两吊车轨道间的跨距,与设计跨距相比,误差不得超过 ±5mm。

4.5 钢结构工程竣工测量

由于钢结构工程在施工过程中设计变更等原因,设计总平面图与竣工总平面图一般不会完全一致。为了确切地反映工程竣工后的现状,为工程验收和以后的管理、维修、扩建、改建及事故处理提供依据,需要及时进行竣工测量并编绘竣工总平面图。

1. 竣工测量

在每项工程完成后,必须由施工单位进行竣工测量,提供工程的竣工测量成果,作为编制竣工总平面图的依据。竣工测量主要是测定许多细部点的坐标和高程,因此图根点的布设密度要大一些,细部点的测量精度要高一些,一般应精确到厘米。

竣工测量时,应采用与原设计总平面图相同的平面坐标系统和高程系统,竣工测量的内容应满足编制竣工总平面图的要求。

2. 竣工总平面图的编绘

(1) 绘制前的准备工作

1) 编绘竣工总平面图前,应收集汇编相关的重要资料,如设计总平面图、施工图及其说明、设计变更资料、施工放样资料、施工检查测量及竣工测量资料等。

2) 竣工总平面图的比例尺、图幅大小、图例符号及注记应与原设计图一致,原设计图没有的图例符号,可使用新的图例符号。

3) 绘制图底坐标方格网。为能长期保存竣工资料,应采用质量较好的聚酯薄膜等优质图纸,在图纸上精确地绘出坐标方格网或购买印制好的方格网,按"测图前的准备工作"中的要求进行检查,合格后方可使用。

4) 展绘控制点。以图底上绘出的坐标方格网为依据,将施工控制网点按坐标展绘在图上。相邻控制点间距离与其实际距离之差,应不超过图上0.3mm。

5)展绘设计总平面图。在编绘竣工总平面图之前,应根据坐标格网,先将设计总平面图的图面内容按其设计坐标,用铅笔展绘于图纸上,作为底图。

(2)竣工总平面图的编绘

竣工测量后,应提供该工程的竣工测量成果。若竣工测量成果与设计值之差不超过所规定的定位容许误差时,按设计值编绘;否则,应按竣工测量资料编绘。

编绘时,将设计总平面图上的内容按设计坐标用铅笔展绘在图纸上,以此作为底图,用红色数字在图上表示出设计数据。每项工程竣工后,根据竣工测量成果用黑色绘出该工程的实际形状,并将其坐标和高程标注在图上,黑色与红色之差即为施工与设计之差。随着施工的进展,逐步在底图上将铅笔线绘成黑色线。经过整饰和清绘,即成为完整的竣工总平面图。

3. 竣工总平面图的附件

为了全面反映竣工成果,便于管理、维修和日后的扩建或改建,下列与竣工总平面图有关的一切资料,应分类装订成册,作为竣工总平面图的附件保存。

(1)建筑场地及其附近的测量控制点布置图及坐标与高程一览表;
(2)建筑物或构筑物沉陷及变形观测资料;
(3)建筑场地原始地形图及设计变更文件资料;
(4)工程定位、检查及竣工测量资料。

4.6 钢结构工程项目测量管理

1. 组建项目测量队

项目经理部组成后,应尽早成立项目测量队。项目总工程师负责组建工作。测量队隶属于项目经理部的技术部门,属项目经理部管理层机构编制。项目经理部的工段或协作队伍,可根据工程需要成立测量组,测量组在测量业务上归项目经理部测量队领导。不设测量组的项目经理部,测量队应承担测量组的测量工作。

测量队、组的人员数量必须满足施工需要。测量队队长应具有土木工程专业助理工程师以上职称、从事测量工作3年(测量专业毕业的2年)以上的技术人员担任。负责司仪的人员必须持有测量员岗位证书,其他测量工应经基本技能培训合格后上岗。

测量队、组的测量仪器、工具配置应符合工程施工合同条件的要求,应根据工程种类配备必要的技术规范、工具书和应用软件。测量仪器、工具必须做到及时检查校正,加强维护,定期检修,使其经常保持良好状态。周期送检的测量仪器、工具应到国家法定的计量技术检定机构检定,测量队负责仪器、工具的送检工作。

2. 重视测量工作

要做好施工测量工作,项目总工程师要督促测量人员树立精确细致、严肃认真的科学态度,了解测量工作在工程中的重要性,做到有计算就必须有复核,确保数据的精度和准确性。实际工作中要熟练掌握仪器操作和测量的方法,对不同的测量对象选用不同的方法及精度要求来进行控制,确保结构物的几何尺寸和线型准确。应尽可能推广应用先进的新技术和新设备,在保证精度要求的前提下提高工作效率。

任何施工项目都需要测量工作的密切配合，特别是结构复杂、质量标准高、施工难度大的工程项目，更需要测量工作的有力支持。测量工作的好坏，直接影响工程的进度与质量乃至经济效益的发挥。

项目总工程师要认识测量工作对工程质量、进度及工程成本控制的重要性。在工程施工中，测量工作必须先行，只有将设计点位测设于实地后，工程施工才能开始进行，这对工程的进度有着决定性的影响。

项目经理部应当重视测量工作，加强领导和监督。根据测量队的工作特殊性，为其创造良好的工作和生活条件，保证必要的交通、后勤服务。

3. 加强测量成果的校核，防止测量事故的发生

测量成果不允许有任何差错，否则将造成重大的经济损失，在工程质量和进度上也将造成难以挽回的不利影响，这就要求施工过程中对测量成果的校核工作要及时，走在施工的前头，以保证施工的顺利进行。对隐蔽工程，测量成果的校核更要仔细、全面。测量工作必须严格执行测量复核签认制，以保证测量工作质量，防止错误，提高测量工作效率。

测量工作是一项精确、细致的工作，贯穿于整个施工过程中，要求项目总工程师自始至终均给予高度重视，不能有半点马虎和懈怠。对测量人员的管理，仪器的保管与操作，测量的方法与程序等，都要从制度上加以完善，建立一套项目工程测量的规章制度，并形成测量成果的校核和复核体系，以确保工程的质量和进度，杜绝测量事故的发生。

测量外业工作必须构成闭合检测条件。控制测量、定位测量和重要的放样测量必须坚持采用两种不同方法（或不同仪器）或换人进行复核测量。利用已知点（包括平面控制点、方向点、高程点）进行引测、加点和施工放样前，必须坚持"先检测，后利用"的原则。

4. 测量工作的程序和原则

测量工作从布局上按"由整体到局部"，逐级加以控制。在程序上按"先控制后碎部"的原则进行，即先完成控制测量，再利用控制测量的成果进行施工放样。在测量精度上，遵循"由高级到低级"的原则，控制测量的精度要求高，施工放样的精度相对较低。

工程项目要积极推广使用各种先进的测量仪器和现代化的测量方法，以提高测量精度和工效，满足施工需要。

5 试验管理工作

试验管理工作是指对项目的总体试验技术工作，是全方位的综合管理工作，明确项目试验室在钢结构工程施工过程中的各个阶段应做哪些工作，合理地组织安排试验技术工作，保证项目试验检测工作能满足工程质量和施工进度的要求，确保工程质量。

项目总工程师一定要了解、支持项目试验室的工作，在管理上给予指导，在工作中给予支持，根据工程进度情况及时做好试验工作计划，使项目试验室的工作与施工需要同步，使项目试验室在节约材料，节约资金，加快施工进度，提高工程质量等方面发挥最大优势。

5.1 试验工作的目的和意义

项目试验检测工作是钢结构工程质量管理的一个重要组成部分，是工程质量科学管理的重要手段。客观、准确、及时的试验检测数据是钢结构工程实践的真实记录，是指导、控制和评定工程质量的科学依据。钢结构工程试验检测的目的和意义是：

（1）用定量的方法对用于钢结构工程的各种原材料、成品或半成品，科学地鉴定其质量是否符合国家质量标准和设计文件的要求，对其作出接收或拒收的决定，保证用于工程的原材料都是合格产品，是控制施工质量的主要手段。

（2）对钢结构工程施工的全过程，进行质量控制和检测试验，保证施工过程中的每个施工部位，每道工序的工程质量，均满足有关标准和设计文件的要求，是提高工程质量，创优质工程的重要保证。

（3）通过各种试验、试配，经济合理地选用原材料，为企业创造良好的经济效益打下坚实的基础。

（4）对于新材料、新技术、新工艺，通过试验检测和研究，鉴定其是否符合国家标准和设计要求，为完善设计理论和施工工艺积累实践资料，为推广和发展新材料、新技术、新工艺作贡献。

（5）试验检测是评价工程质量缺陷、鉴定和预防工程质量事故的手段。通过试验检测，为质量缺陷或事故判定提供实测数据，以便准确判定其性质、范围和程度，合理评价事故损失，明确责任，从中总结经验教训。

（6）分项工程、分部工程、单位工程完成后，均要对其进行适当的抽验，以便进行质量等级的评定。

（7）为工程竣工验收，提供完整的试验检测证据，保证向业主交付合格工程。

（8）试验检测工作及试验检测基本理论、测试操作技能和钢结构工程相关学科的基础知识于一体，是工程设计参数、施工质量控制、工程验收评定、养护管理决策的主要依据。

5.2 项目试验工作的任务

（1）在选择料厂（场）和确定料源时，对未进场的原材料进行质量鉴定，根据原材料质量和经济合理的原则，选定料源。

（2）对运到施工现场的原材料，按有关规定的频率进行质量鉴定。

（3）对外单位供应的构件、成品、半成品，在查验其出厂质检资料后，做适量的抽检验证。

（4）对各种混合料的配合比进行设计，在确保工程质量的前提下，经济合理地选用配合比。

（5）负责施工过程中的施工质量控制。

（6）负责推广研究应用新材料、新技术、新工艺，并用试验数据论证其可靠性。

（7）负责试验样品的有效期保存，以备必要时复查。

（8）负责项目所有试验资料的整理、报验、保管，以利竣工资料的编制、归档。

（9）参加各级组织的质量检查，并提供相应的资料；参与工程质量事故的调查分析，配合做好各种试验检测工作。

（10）对一些项目试验室无法检验的项目，负责联系委托外单位试验。

（11）协助配合工程监理、业主和当地质量监督部门的抽检工作。

（12）做好分包工程的试验检测和质量管理工作。

5.3　项目试验工作的依据和评定标准

项目试验室必须具备与本工程相适应的有关技术标准、操作规程、施工规范及设计文件。这些都是试验检测操作的依据和质量合格与否的评定依据。没有上述的齐全资料，项目的试验检测工作将无法正常开展，工程质量也无法得到保证。

（1）试验检测的依据：主要是现行建设部部颁规程及部分国家标准试验方法。

（2）试验检测后的评定标准：包括部颁评定标准和相关施工技术规范及有关建筑材料的国家标准和本工程的设计文件。

（3）标准、规范、规程：随着科学技术的不断发展，新材料、新技术、新工艺的不断涌现，随时都可能修订，实际应用时，应及时采用最新版本。

5.4　试验规章制度

项目试验室应建立健全各项规章制度，并严格遵照执行，试验站（点）也应按项目试验室的各项规章制度执行。具体包括以下制度：

（1）试验仪器设备管理制度。

（2）试验文件、技术规范、试验规程管理制度。

（3）试验检测记录、报告的填写与检查制度。

（4）试验室安全制度。

（5）试验质量保证制度。

（6）试验委托制度。

（7）标准养护室管理制度。

（8）试验台账制度。

(9) 检测事故分析报告制度。
(10) 按业主及公司要求应建立的其他制度。

5.5 钢结构工程项目实验室

钢结构工程的制作及安装施工的试验检测项目主要有：

1. 化学成分分析

每一种钢种都有一定的化学成分，化学成分是钢中各种化学元素的含量百分比。保证钢的化学成分是对钢的最基本要求，只有进行化学成分分析，才能确定某号钢的化学成分是否符合标准。

对于碳素结构钢，主要分析五大元素，即碳、锰、硅、硫、磷；对于合金钢，除分析上述五大元素之外，还可以分析合金元素。

2. 宏观检验

宏观检验是用肉眼或不大于10倍的放大镜检查金属表面或断面，以确定其宏观组织缺陷的方法。宏观检验也称低倍组织检验，其检验方法很多，包括酸浸试验、硫印试验、断口检验或塔形车削、发纹检验等。

3. 金相组织检验

这是借助金相显微镜来检验钢中的内部组织及其缺陷。金相检验包括奥氏体晶粒度的测定、钢中非金属杂物的检验、脱碳层深度的检验以及钢中化学成分偏析的检验等。其中化学成分偏析的检验项目又包括亚共分析钢带状组织、工具钢碳化物不均匀性、球化组织和网状碳化物、带状碳化物及碳化物液析等。

4. 力学性能检验

力学性能检验包括以下三项：硬度试验、拉伸试验、冲击试验。

(1) 硬度试验：是衡量金属材料软硬程度的指标，是金属材料抵抗局部塑性变形的能力。根据试验方法的不同，硬度可分为布氏硬度、洛氏硬度、维氏硬度和显微硬度等几种，这些硬度试验方法适用的范围不同。最常用的有布氏硬度试验法和洛氏硬度试验法两种。

(2) 拉伸试验：强度指标和塑性指标都是通过材料试样的拉伸试验而测得的，拉伸试验的数据是工程设计和机械制造零部件设计中选用材料的主要依据。

(3) 冲击试验：冲击试验可以测得材料的冲击吸收功，所谓冲击吸收功，就是规定形状和尺寸的试样在一次冲击作用下折断所吸收的功。材料的冲击吸收功越大，其抵抗冲击的能力越强。根据试验温度，通常将冲击吸收功分为高温冲击吸收功、低温冲击吸收功和常温冲击吸收功三种。

5. 工艺性能检验

工艺性能检验主要包括钢的淬透性试验、焊接性能试验、切削加工性能试验、耐磨性能试验、金属弯曲试验、金属顶锻试验、金属杯突试验、金属（板材）反复弯曲试验、金属线材反复弯曲试验以及金属管工艺性能试验等。

6. 物理性能检验

是采用不同的试验方法对钢的电性能、热性能和磁性能等进行检验。特殊用途的钢都要进行上述一项或几项物理性能检验，例如硅钢应进行电磁性能检验。

7. 化学性能检验

化学性能是指某些特定用途和特殊性能的钢在使用过程中抗化学介质作用的能力。化学性能试验包括大气腐蚀试验、晶间腐蚀试验、抗氧化性能试验以及全浸腐蚀试验等。

8. 无损检验

无损检验也称作无损探伤。它是在不破坏构件尺寸及结构完整性的前提下，探查其内部缺陷并判断其种类、大小、形状及存在部位的一种检验方法。常用于生产中的在线检验和机器零部件的检验。生产场所广泛使用的无损检验法有超声波探伤和磁力探伤，此外还有射线探伤。

9. 规格尺寸检验

钢材规格通常是指标准中规定的钢材主要特征部位所应具有的尺寸。在钢材生产中，由于设备条件、工艺水平、操作技术等因素的影响，所生产的钢材实际尺寸很难与名义尺寸完全相符，必然存在一定公差。但钢材的公差必须在标准所规定的公差范围之内。

10. 表面缺陷检验

钢材表面检验内容是检验表面裂纹、折叠、重皮和结疤等表面缺陷。为了使钢材表面缺陷显露出来，应将钢材进行酸洗以除掉氧化铁皮，或用砂轮沿钢材全长进行螺旋磨光。供热加工用的钢材，必须消除其表面所有缺陷，以避免随后的加工中出现裂纹或其他缺陷。供冷加工用的钢材，若表面缺陷隐藏深度未超过加工余量，则可不必清除，因为表面缺陷会随同切屑一起被切除。

11. 包装与标志

钢材出厂时，要检查钢材包装是否符合规定，是否具有规定的标志，钢材包装的形式是根据钢材品种、形状、规格、尺寸、精度、防锈蚀要求及包装类型而确定的，为区别不同的厂标、钢号、批号、规格（或型号）、重量和质量等级而采用一定的方法加以标志。钢材标志可采用涂色、打印、挂牌、粘贴标签和置卡片等方法。

5.6 试验室的安全管理

为规范试验室安全管理工作，确保试验人员的安全和健康，控制和预防试验工作中的安全事故，项目试验室应指定人员专门负责试验室的安全工作，并纳入单位的安全和环境管理体系。

1. 试验室的危险源

试验室的危险源分为以下五类：

（1）火灾危险源：烘箱、电炉、冬季取暖用火炉、电线和易燃物品等。

（2）用电设备危险源：电源、导线和用电设备等。

（3）试验设备危险源：万能材料试验机、混凝土压力试验机、水泥及混凝土搅拌机、沥青混合料拌合机、核子密度仪等。

（4）试验用材料危险源：放射性物品、腐蚀性物品、易爆物品、化学试剂和粉尘材料等。

（5）试验室环境危险源：试验室所处位置附近的变压器、高压线、危险地形、危险建筑物等。

2. 危险物品

包括易燃、易爆、腐蚀性、放射性物品等，均属危险物品。

3. 工地环境中的危险因素

(1) 工地现场交通安全：

1) 乘坐交通工具去工地时，须遵守本单位的交通安全规定，不得强行拦车、扒车或坐在自卸车后斗里；

2) 在工地现场取样时，须先放置好安全标志，注意来往的施工机械，严禁在平地机、压路机、洒水车等施工机械的阴凉下操作、休息。

(2) 现场试验操作安全：

1) 在水泥混凝土拌合站取样及测坍落度时，严防机器搅拌叶片和传动带伤人；在沥青混合料拌合站取样或试验时，严防被沥青高温烫伤及机器碰伤。

2) 做钻孔桩的泥浆比重等试验时，要注意取样安全和钻机周围的环境，防止钻机、钻锥、掏渣筒等机具碰砸伤人，严防掉入孔内。

3) 在钢筋加工现场取试件时，要注意钢筋加工机械操作的安全，严防被碰伤、砸伤、划伤。

4) 在预应力构件压浆现场，不得站在构件出浆口方向，以防灰浆飞溅伤人。

5) 在水泥混凝土罐车上取样时，要事先与司机协商好，征得同意后再取样。

6) 在沥青施工中，需到沥青混合料运输车上测温时，须事先与司机协商好，征得同意后再上车测温。

(3) 工地用电安全。在工地抽芯取样等使用电动机时，接线应由电工进行，操作时严禁用湿手、湿布接触电源开关；在电焊现场要防止电弧灼伤眼睛。

(4) 工地环境安全：

1) 在工地现场试验时，应注意立体交叉作业中的安全，特别是高空作业的安全，进入现场应戴好安全帽，穿好防滑鞋，在脚手架上小心行走。

2) 注意远离爆破作业区域。

3) 在隧道中进行试验工作时，要注意隧道的通风情况，并注意检测空气中的有毒气体含量，特别要注意隧道中的塌方及爆破作业等危险情况。

4) 雷雨天注意防雷电，要避开高大建筑物，严禁在大树下避雨。

(5) 特殊季节与夜间施工安全。雨期施工时在工地现场要注意防洪，冬期施工注意保温防冻，高温季节尽量避开高温时间，并采取防暑降温措施。夜间试验时要注意护栏和红灯警示标志，防止摔伤、碰伤。

4. 试验室的环保工作

(1) 试验室应设置消防器材，并按规定及时检查、更换，不得随意挪动位置或挪作他用。

(2) 危险物品应有专人负责，设专室保管。购买危险品须填写购买申请，经单位负责人批准后统一购买。危险品的发放采用限额发放制度，严格履行出入料库的手续，任何人不得私自保存。

(3) 危险品料库应按相关规定与周围的建筑、水源、火源、电源等间隔一定的安全距离，并采取相应的安全措施，晚间和节假日有警卫值班。

（4）进行材料力学性能试验的机器，须在其试件放置位置周围设置防护罩，以防止试验中飞溅碎块和钢渣伤人。其他需要有防护装置的仪器设备，也要安装相应的防护装置。

（5）禁止在试验室内抽烟、烘烤食物，建立卫生值日制度，保持试验室内外清洁卫生、整齐有序。

（6）必须采用符合环境保护要求的方式慎重处理试验室的废弃物和其他有害物质。

（7）严禁非试验人员触摸及使用试验室的设备。

（8）保证试验室的安全，下班后与节假日要切断电源、水源，关好门窗，需要恒温和补水的设备要安排人员值班。

（9）试验室应有上、下水设备，并设置沉淀池、污水处理等设施，下水道要保持畅通无阻。

（10）防止试验室内的粉尘和有害气体危害健康，试验室应有通风换气设备，以保持室内空气流通。使用煤气时严防煤气中毒。

5. 试验人员的安全防护

（1）到工地进行现场试验时，必须执行工地安全工作规定。

（2）试验人员进行工地现场试验时，必须配戴安全帽，穿防滑鞋，在高空作业区必须系好安全带，在水上作业区必须穿好救生衣。

（3）做沥青试验时，加热过程中注意防火，操作时严防烫伤。

（4）试验人员要按操作规程从事作业，严禁违章操作，严防烫伤、烧伤、砸伤、触电及其他事故发生。

（5）试验机具在工作中出现不正常情况时，应立即停机检查，不得在机具运转中擦洗、修理。严禁将头、手及工具伸入机械行程范围内。

（6）不准带电搬运电器设备，不准带电清洗仪器、设备上的尘土。

（7）核子密度仪的保管和使用，要严格按照使用说明书的要求操作，防止辐射污染。

（8）在有粉尘、有害气体污染的场所，试验人员要戴好口罩及相应的防护设备。

5.7 试验室设置原则与组织机构

1. 试验室设置原则

项目经理部应建立符合相关标准、规范要求的项目中心试验室，并根据工程规模大小和工程内容的不同，在各工区设工区试验室，重要工点设试验站（点）。

2. 组织机构和人员配备

（1）组织机构

项目中心试验室在项目总工程师的领导下开展试验检验工作，项目中心试验室在业务上受公司技术主管部门的领导，同时还须接受业主、质量监督站和监理工程师的监督和检查。工区试验室是项目中心试验室的派出单位，受项目中心试验室的领导；试验站（点）是由工区试验室的派出设置，受工区试验室的领导。

项目中心试验室须持有企业检测机构的授权书，并经当地质量监督部门进行相应等级的计量认证和试验室临时资质认证。企业检测机构应具有相应的检测资质。

(2) 试验人员配备

1) 项目中心试验室设试验室主任 1 名,试验检测员 4～6 名,试验工若干名(根据试验任务确定具体人数)。

2) 工区试验室设试验室主任 1 名,试验检测员 2～3 名,试验工若干名。

3) 试验站(点)至少设 1～2 名试验检测员,试验工 1～3 名。

(3) 试验人员条件

项目中心试验室和工区试验室主任应取得试验检测工程师资格或具有中级技术职称,对重点工程的试验室主任,应具有五年检测经历。试验检测员应取得试验检测员资格或具有初级及以上技术职称。试验工能按试验检测员指定的程序完成任务。

5.8 项目试验室的主要设备配置

1. 试验仪器设备的配备原则

(1) 仪器设备应根据工程项目合同的要求、工程施工内容、工程量的大小、施工技术规范的规定、试验检测的种类及要求进行配备。

(2) 一般试验频率较大,对工程质量控制及对检测影响较大的设备必须配备;项目试验室因条件所限无法开展的少量项目的检验,可通过委托有相应资质的检测单位检验。

2. 中心试验室仪器设备的配备参考表(表 5-1)

中心试验室仪器设备的配备参考表　　　　表 5-1

序号	名　称	规格型号	产地	数量	备注
一	金属类检测设备				
1	万能材料试验机	WE-1000kN	国产		
2	万能材料试验机	WE-300kN	国产		
3	洛氏硬度仪	HR-150A	国产		
4	钢筋保护层测定仪	HBY-84	国产		
5	钢筋腐蚀测定仪	PS-6	国产		
6	钢筋标距仪	手动	国产		
7	钢筋腐蚀测定仪	PS-6	上海		
8	预应力筋专用夹具	TS-1000	长春		
9	金属弹性模量测定仪	S-1	长春		
10	钢筋标距仪	手动	浙江		
11	钢筋冷弯冲头	8～125mm	江苏		
12	金属探伤仪	WE	江苏		
二	混凝土检测设备				
1	数显液压式压力试验机	TYE-2000kN	国产		
2	混凝土振动台	$1m^2$	国产		
3	混凝土强制式搅拌机	T30	国产		
4	移动式混凝土标准养护室	FHBH	国产		

续表

序号	名　　称	规格型号	产地	数量	备注
5	经济型水质分析仪	EA513-162	英国		
6	混凝土维勃稠度仪	HC-I	国产		
7	自动混凝土渗透仪	HS-4	国产		
8	混凝土弹性模量测定仪	0.001mm	国产		
9	干燥箱	101-3	国产		
10	砂子含水量快速测定仪	PW-1	国产		
11	自动分析超声波检测仪	RS-STOAC	国产		
12	水泥混凝土标准养护箱	YH-40B	国产		
三		水泥、外掺料类检测设备			
1	数显压力试验机	NYL-300	国产		
2	水灰比测定仪	HKY-1	国产		
3	行星式胶砂搅拌机	JJ-5	国产		
4	水泥胶砂成型振实台	ZS-15	国产		
5	水泥净浆搅拌机	SJ-160	国产		
6	水泥抗折试验机	KZJ-500	国产		
7	水泥凝结时间测定仪	CHN-1	国产		
8	水泥雷氏沸煮箱	TE-31	国产		
9	水泥负压筛析仪	FSY150-4	国产		
10	水泥细度筛	FSY-150B	国产		
11	新标准水泥软练设备	SJ-160	国产		
12	恒温恒湿养护箱	YH-408	国产		
13	电热鼓风干燥箱	HWX-L	国产		
四		其他类			
1	电热恒温干燥箱	1000	国产		
2	分析天平	TG328A	国产		
3	静水力学天平	5kg			
4	架盘天平	JPT-2	国产		
5	架盘天平	HC.IP11	国产		
6	架盘天平	HC.IP12B	国产		
7	案秤	AGT-1	国产		
8	台秤	TGT-100	国产		
9	量筒(杯)	1000、250、100mL	国产		
10	比重瓶	50、100mL	国产		
11	比重计	NE-1	国产		
12	温、湿度测定仪	WAM3型	国产		
13	袖珍式激光粉尘仪	LD-1型	国产		

续表

序号	名 称	规格型号	产地	数量	备注
14	便携式数字粉尘仪	P-5L2、P-5L2C型	国产		
15	高温炉	SX	湖北		
16	常用水质化学分析仪器		广州		
17	常用水泥、外掺料、外加剂化学分析仪器		上海		
18	数码相机				

注：1. 上表中只推荐了相关专业的所用试验仪器的种类，仪器配备数量要根据任务、作业面、业主及合同要求等具体情况配备。
 2. 工区试验室的仪器配备根据试验任务按表中选取配备。
 3. 试验站（点）的试验设备配备，根据所承担的试验任务配备。主要指含水量测定、压实度检测、混凝土试件制作、集料筛分、取样工具等试验仪器工具。

5.9 项目试验室的布置

试验室布置的一般要求：

（1）试验室房屋，应考虑隔热、保暖，一般以砖墙为宜。试验室地面应抹水泥砂浆。

（2）试验室用电应根据设备容量统一安排，采用集中配电室进行控制，总配电盘应设在试验室中心位置，各操作间应保证足够的亮度，个别仪表、度盘应另加局部照明。

（3）试验室上、下水应畅通。

（4）力学试验室，试件断裂或破坏时有较大的振动，设备安装时应按规定打牢基础，上好地脚螺栓，应尽量与精密仪器分开设置。

（5）混凝土和砂浆试验及标准击实试验，在搅拌和振捣时有很强的噪声和振动，应远离精密仪器和办公室。

（6）土工试验与化学试验应分开，以免粉尘污染，影响试验精度。

（7）精密天平要防止太阳直接照射，要设在温度变化较小和周围干扰较小的地方，一般可设在阴面安静处。

（8）各种试验机械、仪器、操作台的设置高度和位置，要考虑操作人员能够舒适方便地进行操作，以减少劳动强度。

（9）各种仪器应加一布罩，以免灰尘污染，影响试验精度。

（10）一般应在试验室的附近向阳面抹一块 $20\sim30m^2$ 的水泥地坪，用于晾晒砂石料和土样，以节约能源。

（11）试验用表格有几十种，应做一个木架，分类摆放，便于取用。

（12）试验室应配备适当的消防设备。

5.10 常用材料的试验

常用材料的试验目的、取样数量与方法汇总见表 5-2。

常用材料的试验目的、取样数量与方法汇总表　　　　表 5-2

序号	材料名称		取样单位	取样数量	取样方法	检验项目	常规检验项目
1	钢材	光圆钢筋	每批次由同牌号、同炉罐号、同规格、同交货状态不大于30t的,不同罐号的可组成混合批,每批不应多于6个炉罐号,≤60t	选2根钢筋,每根钢筋切取拉伸、冷弯各1个	拉伸试样长度取 200＋10d;冷弯试样长度取 150＋5d	化学成分、反向弯曲、外观、拉伸、冷弯、直径	拉伸(屈服点、抗拉、伸长率)、冷弯
2		热轧带肋钢筋					
3		热轧盘条		任取1根切取拉伸试样1个,任取2根,每根切取冷弯试样1个	任意选取	化学成分、拉伸、冷弯、尺寸、表面	拉伸(抗拉、伸长率)、冷弯
4		冷轧带肋钢筋	每批次由同牌号、同规格、同级别的组成、逐盘取	拉伸试样1个,冷弯试样1个	在任意一盘中的任意一端截去 500mm 后切取;拉伸试样长度不小于300mm,冷弯试件长度不小于200mm	松弛、化学成分、拉伸、冷弯、尺寸、表面	拉伸(抗拉、伸长率)、冷弯
5		冷拔低碳钢丝(甲级)	逐盘检查	每盘取1个拉伸、试样1个冷弯	任意选取	表面质量、拉伸、反复弯曲	拉伸(抗拉、伸长率)、反复弯曲
6		冷拔低碳钢丝(乙级)	以同一直径的钢丝5t为一批	每盘各截取2个试件分别做拉伸和反复弯曲	从中任取3盘,盘各截取2个试件	化学成分、拉伸、冷弯、重量偏差	拉伸(抗拉、伸长率)、反复弯曲
7		冷拉钢筋	同级别、同直径不大于20t为1批	拉伸2个、冷弯2个试样	任意选取	化学成分、拉伸、冷弯、重量偏差	拉伸(屈服强度、抗拉、伸长率)、冷弯
8		冷轧扭钢筋	每批次由同牌号、同规格尺寸、同轧机、同台班组成,且≤20t	拉伸2个样,冷弯1个样,型式检验拉、弯各取3个试样	在任意一端截去 500mm 后取样	外观质量、扎偏厚度、节距定尺长度、重量、化学成分、拉伸、冷弯	拉伸(屈服强度、抗拉、伸长率)、冷弯
9		钢绞线	同一钢号,同一规格,同一工艺,且≤60t	每批取3盘,每盘取1个拉力试件	任意选取	松弛、化学成分、拉伸、冷弯、尺寸、表面	拉伸(屈服强度、抗拉、伸长率)、冷弯
10	钢筋连接	电弧焊	焊接现场1～2层、同级别、同接头形式组成,且≤300个接头	取3个拉伸试件	在施工现场焊接成品中随机切取	外观、抗拉强度、化学成分	抗拉强度
11		闪光对焊	同台班、同焊工、同规格、数量较少可累计1周计算,且≤300个接头	拉伸、冷弯各3个试件	每批焊接成品中随机切取	弯曲、外观、抗拉强度、化学成分	抗强度、弯曲

续表

序号	材料名称		取样单位	取样数量	取样方法	检验项目	常规检验项目
12	钢筋连接	电渣压力焊	同楼层或同施工段、同级别、同规格组成,且≤300个接头	取3个拉伸试件	每批焊接成品中随机切取	外观、抗拉强度、化学成分	抗拉强度
13		气压焊	每批由同一楼层、同品种、同规格组成,且≤300个接头	取3个拉伸试件;有梁板水平连接时,另取3个冷弯试件	每批焊接成品中随机切取	冷弯、外观、抗拉强度、化学成分	抗拉强度
14		机械连接	每批由同一楼层、同施工段、同品种、同规格组成,且≤500个接头	取3个拉伸试件	在工程结构中随机切取	高应力、大变形反复拉压、外观、单项拉伸	单向拉伸
15	钢筋连接试件	钢筋焊接骨架	钢筋级别、规格、尺寸相同的焊接骨架视为同一批,且≤300件	热轧钢筋焊点抗剪3件,冷拔钢丝焊件另加3件拉伸	随机抽取	抗剪强度、外观、抗拉强度、化学成分	抗拉强度、抗剪强度
16	钢材坚固件	高强度大六角头螺栓连接副和扭剪型高强度螺栓连接副	同批最高强度螺栓连接副最大数量为3000套	连接副预拉力或扭矩系数试件:在施工现场待安装的螺栓批中随机抽取,每批应抽取8套连接副进行复验	随机抽取	连接副预拉力、连接副扭矩系数、连接摩擦面抗滑移系数	
17		普通螺栓	紧固件连接工程同一检验批内,每一规格螺栓抽查8个		随机抽取	拉力荷载	
18		钢网架螺栓球节点用高强度螺栓	同一检验批内,按规格抽查8个		随机抽取	表面硬度	
19		防火涂料	每使用100t或不中100t薄涂型防火涂料应抽检一次粘结强度;每使用500t或不足500t厚涂型防火涂料应抽检一次粘结强度和抗压强度	试样数量为100kg	随机抽取	粘结强度、抗压强度	

注: 1. 钢筋连接试件的长度应根据钢筋的连接形成和钢筋规格确定;
  2. 取样数量:除应根据同一焊工、同一品种、同一规格和取样数量要求外,第一次焊接前需做一次班前焊试验,试验项目同上表。
  3. 以上资料均摘自有关规范、标准。
  4. 如工程合同另有要求,应按合同执行。

5.11 试验资料的管理

（1）试验室应设专人负责试验资料管理，负责试验室全部资料的收集、保管、上报、下发等工作。

（2）试验资料应分类管理，分别放入文件盒，并在盒外贴上标签，便于存放和查阅。

（3）试验资料应设专柜保管，防止丢失，便于查阅。可在柜门上贴标签，按钢结构原材料、半成品加工制作、安装等分类存放。

（4）项目试验室应建立试验资料台账。

（5）外委试验资料应专门保管，包括外委台账。

（6）任何人查阅试验资料后，应自觉放回原处。

（7）试验资料的借阅，须经试验室主任批准，资料管理员登记。

6 项目分包工程的技术管理

这里所指的分包工程指依法进行分包的工程。专业化分包队伍应具备建立一套完整的技术管理体系的能力。对于清包工及零星工程的分包队伍，项目经理部可将其视为现场施工人员，纳入项目经理部的技术管理体系中。

6.1 专业化施工队的技术管理体系

专业化施工队应完全按照项目经理部技术管理体系的模式建立自己的技术管理体系，对上建立与项目经理部技术管理体系的接口，对下落实到每个现场施工人员。

(1) 项目总工程师在审批专业化施工队的技术管理体系时，应着重审核以下内容：

1) 与项目经理部的技术管理体系接口是否顺畅。专业化施工队不得直接与业主、监理机构进行技术问题的处理。

2) 对技术难点、关键工序的技术要有分析、把握能力，过程控制能力。

3) 专业化施工队进行试验、检测的能力、设备是否满足要求。

4) 专业化施工队必须设一名现场技术负责人，每分项工程设专业技术人员1名，每工序施工过程中设专业技术人员带班作业，项目部要及时对这些人员的技术水平进行考核。

5) 必须设置专人负责计量工作，负责建立专业化施工队的计量器具台账及器具的标识，负责计量器具的送检，送检证明报项目技术部审核，定期参加项目组织的计量工作会议。

(2) 项目总工程师在审核专业化施工队技术管理体系运行状况时，应着重审核以下内容：

1) 理解与执行有关标准、规范、规程、施工工艺标准的程度，反馈现场技术问题、质量问题的及时性，执行项目经理部技术质量要求的程度。

2) 分包范围内的专项施工方案和季节性施工措施的编制水平。

3) 出现质量问题后，必须制定详细的书面处理措施，并报项目工程（技术）部和项目总工程师审批后方可实施。

4) 与工程进度同步，对分包范围内工程施工原始记录、检查签证记录、施工照片、音像资料以及有关的技术文件和资料进行记录、收集、分类整理、汇总和保管。

6.2 专业化施工队技术管理的基本要求

1. 开工前的技术准备工作

(1) 接受项目经理部的整体技术交底。

(2) 独立编制分包范围内的实施性施工组织设计。专业化施工队的实施性施工组织设计应服从项目经理部的实施性施工组织设计。

(3) 专业化施工队应建立施工文件发放台账。

2. 现场技术管理

(1) 接受项目经理部的各级技术交底。

(2) 一般情况下,专业化施工队应组织第二级技术交底,交底资料报项目工程(技术)部审核后,由专业化施工队技术负责人进行交底。第二级技术交底以工序为单元向工序技术员、工班长或工序负责人、主要操作人员进行技术交底。二级技术交底过程中应邀请项目工程(技术)部参加。

(3) 单项施工方案的管理,报批程序:由分包商现场技术负责人签名后上报项目工程(技术)部→项目工程(技术)部7天内返回审批意见→分包商根据项目工程部审批意见在7天内修改完善,分包商法人代表签名→项目部2天内返回审批意见→双方存档备案。

(4) 施工方案的修改:根据设计图纸、现场情况的变化,由分包商提出书面修改意见,修改后的方案必须报项目经理部审批后方可实施。

(5) 施工方案的检查:若发现承包商严重违反施工规范、严重违章,不按已批准的方案施工的,项目部有权责令分包商停工,责令限期整改并处罚直接指挥者。

(6) 所有原材料、半成品的检验、试验过程,或者由项目经理部直接进行,或者在有项目经理部派出人员监督下进行。

(7) 现场技术问题,应及时以书面形式反馈给项目经理部。

7 设 计 变 更

设计变更是指设计部门对原施工图纸和设计文件中所表达的设计标准状态的改变和修改。根据以上定义，设计变更仅包含由于设计工作本身的漏项、错误或其他原因而修改、补充原设计的技术资料。设计变更和现场签证两者的性质是截然不同的，凡属设计变更的范畴，必须按设计变更处理，而不能以现场签证处理。设计变更是工程变更的一部分内容，因而它也关系到进度、质量和投资控制。所以加强设计变更的管理，对规范各参与单位的行为，确保工程质量和工期，控制工程造价，进而提高设计技术都具有十分重要的意义。

设计变更应尽量提前，变更发生得越早则损失越小，反之，就越大。如在设计阶段变更，则只需修改图纸，其他费用尚未发生，损失有限；如果在采购阶段变更，不仅需要修改图纸，而且设备、材料还须重新采购；若在施工阶段变更，除上述费用外，已施工的工程还须拆除，势必造成重大变更损失。所以，要加强设计变更管理，严格控制设计变更，尽可能把设计变更控制在设计阶段初期，特别是对工程造价影响较大的设计变更，要先算账后变更。严禁通过设计变更扩大建设规模、增加建设内容、提高建设标准，要使工程造价得到有效控制。

设计变更费用一般应控制在建安工程总造价的5%以内，由设计变更产生的新增投资额不得超过基本预备费的三分之一。

7.1 设计变更的类型及等级

1. 设计变更的类型
(1) 施工单位提出的设计变更。
(2) 业主或建设单位提出的设计变更。
(3) 监理工程师提出的设计变更。监理工程师根据施工现场的地形、地质、水文条件、材料、运距、施工难易程度及现场临时发生的各种情况，按照合理施工的原则，综合考虑后提出的设计变更。
(4) 工程所在地的第三方提出的设计变更。工程所在地的当地政府、群众或企事业单位为维护自己合法权益所提出的变更。
(5) 设计方提出的变更。设计单位对原设计有新的考虑或为进一步优化、完善设计所提出的设计变更。

2. 设计变更的等级
按工程设计变更的性质和费用影响分类，设计变更分为重大设计变更、较大或重要变更、一般变更三个等级。

7.2 设计变更的处理方式

工程量清单模式下设计变更的处理，不是预算定额模式下变更费用按计价时的定额标准简单加减的算术问题，它常常引起合同双方对增减项目及费用合理性的争执，处理不好会影响工程量清单计价的合理性与公正性，甚至会由此而引起双方在合同方面的争执，影响合同的正常履行和工程的顺利进行。因此，在工程量清单计价模式下，应重视工程变更对工程造价管理的影响，加强设计变更的管理。

工程设计变更内容经分析归纳，一般包括如下几方面：
(1) 更改工程有关部分的标高、基线、位置和尺寸。
(2) 增减合同中约定的工程量。
(3) 增减合同中约定的工程内容。
(4) 改变工程质量、性质或工程类型。
(5) 改变有关工程的施工时间和顺序。
(6) 其他有关工程变更需要的附加工作。

从上述内容可知，对于一个工程项目而言，工程变更几乎是不可避免的。就工程承包合同的双方而言，建设单位为加强对现场工程量变更签证的管理，把投资控制在预定的范围内，防止因工程量变更引起投资增加，总力图让变更规模在保证设计标准和工程质量的前提下尽可能缩小，以利于控制投资规模。作为承包人的施工单位，由于变更工程总会或多或少地打乱其原来的进度计划，给工程的管理和实施带来程度不同的困难，所以，一方面向建设单位索要比建设单位自己提出的工程变更实际费用大得多的金额，另一方面则向建设单位提出能增加计量支付额度的工程变更，以追求企业经营的最大利润，尽量拿回合同价格范围内的暂定金额。因此对工程变更造价的处理往往成为合同双方争论的焦点和监理工程师处理合同纠纷的难点。根据以往的经验与教训，合同双方及合同的监理单位在处理工程变更时必须坚持公平、公正，严格合同管理的原则，运用灵活的方法进行工程变更的处理。

无论是哪一方提出的工程变更，都必须经过业主和监理工程师的审核同意，在变更指令上签署认可。变更设计必须在合同条款的约束下进行，任何变更不能使合同失效。变更后的单价一般仍执行合同中已有的单价，如合同中无此单价，应按合同条款进行估价，经监理工程师审定、业主认可后，按认可的单价执行。如果监理工程师认为有必要和可取，对变更工程也可采取以计日工计价的方法进行。

7.3 设计变更的原则

(1) 设计变更必须遵守国家及行业制定的技术标准和设计规范，符合业主和设计单位的有关规定和办法。

(2) 设计变更必须坚持高度负责的精神与严肃的科学态度，尊重施工图设计，保持设计文件的稳定性和完整性。在确保技术标准和工程质量的前提下，对于在控制或降低工程造价、加快施工进度、有利于工程管理等方面有显著效果时，方可对施工图设计进行优化与变更。

(3) 设计变更应立足于确保结构安全和耐久性，改善使用功能，合理控制造价和方便施工，保证施工质量和工期。

(4) 设计变更应本着节约原则，实事求是，严禁弄虚作假，严禁为经济利益而变更。

(5) 设计变更应与工程进度同步,不得事后补图。若遇特殊情况,按业主协调会议纪要先行施工,但应及时补办设计变更手续。

(6) 对未经业主批准的设计变更,一律不得实施。

(7) 任何设计变更申报及批复均以书面为准,无书面确认的设计变更,一律不得实施。

(8) 设计变更图表原则上应由原设计单位编制,少数特殊情况经批准也可由业主委托其他有相应资质的设计单位进行编制。

7.4 设计变更的实施与费用结算

(1) 设计变更实施后,由监理工程师签注实施意见,但应注明以下几点:

1) 本变更是否已全部实施,若原设计图已实施后才发出变更,则应注明,因会涉及按原图制作加工、安装、材料费以及拆除费。若原设计图没有实施,则要扣除变更前部分内容的费用。

2) 若因变更发生拆除项目,已拆除的材料、设备或已加工好但未安装的成品、半成品,均应由监理人员负责组织建设单位回收。

(2) 由施工单位编制结算单,经过造价工程师按照标书或合同中的有关规定审核后作为结算的依据,此时也应注意以下几点:

1) 由于施工不当,或施工错误造成的,正常程序相同,但监理工程师应注明原因,此变更费用不予处理,由施工单位自负,若对工期、质量、投资效益造成影响的,还应进行反索赔。

2) 由设计部门的错误或缺陷造成的变更费用,以及采取的补救措施,如返修、加固、拆除所生的费用,由监理单位协助业主与设计部门协商是否索赔。

3) 由于监理部门责任造成损失的,应扣减监理费用。

4) 设计变更应视作原施工图纸的一部分内容,所发生的费用计算应保持一致,并根据合同条款按国家有关政策进行费用调整。

5) 材料的供应及自购范围也应同原合同内容相一致。

6) 属变更削减的内容,也应按上述程序办理费用削减,若施工单位拖延,监理单位可督促其执行或采取措施直接发出削减费用结算单。

7) 合理化建议也按照上面的程序办理,奖励、提成另按有关规定办理。

8) 由设计变更造成的工期延误或延期,则由监理工程师按照有关规定处理,此处不再赘述。

凡是没有经过监理工程师认可并签发的变更,一律无效;若经过监理工程师口头同意的,事后应按有关规定补办手续。

7.5 项目经理部的设计变更管理

作为施工方的项目经理部向业主所提出的设计变更要符合有关技术标准和规范、规程,符合节约能源、少占耕地、方便施工、能加快工程进度的原则,设计变更申请资料须包含变更理由、变更项目的施工技术方案、设计草图、变更的工程数量及其计算资料、变更前后的预算对照清单等。在报送变更申请资料之前，项目总工程师应在现场就具体情况和监理工程师先行沟通。

在抗洪救灾及紧急抢修中所涉及的设计变更，当时无法履行设计变更审批手续，但应注意留存相应的影像资料，待抢险完成后马上按规定程序办理相关手续。

如果是业主发出的正规变更指令，索赔或计价时较易处理。当业主通过口头或暗示方式下达变更指令时，项目经理部应在规定的时间内发出书面信函要求业主对其口头或暗示指令予以确认。当由于工程变更导致工期延长或费用增加时，应及时提出索赔要求，并在规定的时间内计算工期延长或费用增加的数量，保证项目在各个环节上符合合同要求。这样，可使计量支付顺利进行，即使出现合同争议，在进行争议评审或仲裁时，也可处于有利地位，而得到应得的补偿。

8 钢结构工程施工技术标准和规范的管理

我国的技术标准体系、工程建设标准体系、标准化管理体系和运行机制，在社会主义现代化建设的过程中占有十分重要的地位。经过几十年的努力，我国标准从无到有，从工业生产领域拓展到工业、农业、服务业、安全、卫生、环境保护和管理等各个领域。截止2003年年底，国家标准已经达到80906项，形成了较完整的标准体系。工程建设标准化是随着我国社会主义经济建设的发展而发展的。20世纪90年代以来建设部根据工程建设标准化工作的特点，相继颁发了《工程建设国家标准管理办法》、《工程建设行业标准管理办法》等规范性文件，促进了工程建设标准化工作的开展。初步形成了包括城乡规划、城镇建设、房屋建筑、铁路工程、水利工程、矿山工程等十五部分的工程建设标准体系，每个部分又包括综合标准、专业基础标准、专业通用标准和专业专用标准。

8.1 标准的基础知识

8.1.1 标准

标准是为了在一定的范围内获得最佳秩序，经协商一致制定并由公认机构批准，共同使用的和重复使用的一种规范性文件。标准宜以科学、技术和经验的综合成果为基础，以促进最佳的共同效益为目的的特殊文件。其特殊性主要表现在以下五个方面：

（1）是经过公认机构批准的文件。
（2）是根据科学、技术和经验成果制定的文件。
（3）是在兼顾各有关方面利益的基础上，经过协商一致而制定的文件。
（4）是可以重复和普遍应用的文件。
（5）是公众可以得到的文件。

8.1.2 标准化

标准化是指为在一定的范围内获得最佳秩序，对实际的或潜在的问题制定共同和重复使用的规则的活动。标准化是一个活动过程，主要是指制定标准、宣传贯彻标准、对标准的实施进行监督管理、根据标准实施情况修订标准的过程。这个过程不是一次性的，而是一个不断循环、不断提高、不断发展的运动过程。每一个循环完成后，标准化的水平和效益就提高一步。标准是标准化活动的产物。标准化的目的和作用，都是通过制定和贯彻具体的标准来体现的。

8.1.3 标准化的作用

技术标准是对标准化领域中需要协调统一的技术事项所制定的标准，是从事生产、建设及商品流通的一种共同遵守的技术依据。技术标准是企业的技术主体。

标准化由于其应用领域的广泛性、内容的科学性和制定程序的规范性，在经济建设和社会发展中发挥了重要作用。主要作用如下：

（1）生产社会化和管理现代化的重要技术基础。

（2）提高质量，保护人体健康，保障人身、财产安全，维护消费者合法权益的重要手段。

（3）发展市场经济，促进贸易交流的技术纽带。

8.2 标准的级别、编号、性质及功能

8.2.1 技术标准的分级

所谓标准分级，就是根据标准适用范围的不同，将其划分为若干不同的层次。《中华人民共和国标准化法》规定，我国标准分为四级，即国家标准、行业标准、地方标准和企业标准。

1. 国家标准

是指由国务院标准化行政主管部门编制计划，组织草拟，统一审批、编号、发布的在全国范围内统一适用的标准。

工程建设国家标准由国务院工程建设行政主管部门编制计划，组织草拟，审查批准，由国务院标准化行政主管部门统一编号，由国务院标准化行政主管部门和国务院工程建设行政主管部门联合发布。

2. 行业标准

是指为没有国家标准而又需要在全国某个行业范围内统一的技术要求而制定的标准。行业标准由国务院有关行政主管部门编制计划，组织草拟，统一审批、编号、发布，并报国务院标准化行政主管部门备案。行业标准是对国家标准的补充，行业标准在相应国家标准实施后，自行废止。

工程建设行业标准的计划根据国务院工程建设行政主管部门的统一部署，由国务院有关行政主管部门组织编制和下达，报国务院工程建设行政主管部门备案。工程建设行业标准由国务院有关行政主管部门审批、编号和发布。协会标准是市场经济的产物，是标准化体系结构转化的方向。工程建设行业化协会标准可视同行业标准。

3. 地方标准

是指为没有国家标准和行业标准而又需要在省、自治区、直辖市范围内统一的工业产品的安全和卫生要求而制定的标准。地方标准由省、自治区、直辖市人民政府标准化行政主管部门编制计划，组织草拟，统一审批、编号、发布，并报国务院标准化行政主管部门和国务院有关行政主管部门备案。地方标准不得与国家标准、行业标准相抵触，在相应的国家标准或行业标准实施后，地方标准自行废止。

工程建设地方标准在省、自治区、直辖市范围内由省、自治区、直辖市建设行政主管部门统一计划、统一审批、统一发布、统一管理。工程建设地方标准应报国务院工程建设行政主管部门备案。

4. 企业标准

是指企业所制定的产品标准和在企业内需要协调、统一的技术要求和管理工作要求所

制定的标准。企业生产的产品没有国家标准、行业标准和地方标准时，应当制定相应的企业标准，作为组织生产的依据。如已有国家标准、行业标准和地方标准时，国家鼓励企业制定严于国家标准、行业标准和地方标准的企业标准，在企业内部适用。企业标准由企业制定，由企业法人代表或法人代表授权的主管领导批准、发布和管理。企业的产品标准，应在发布后30日内报当地标准化行政主管部门和有关行政主管部门备案。

8.2.2 标准的编号

我国国家标准的代号，用"国标"两个字汉语拼音的第一个字母"G"和"B"表示。强制性国家标准的代号为"GB"，推荐性国家标准的代号为"GB/T"。国家标准的编号由国家标准的代号、国家标准发布的顺序号和国家标准发布的年号三部分构成。工程建设国家标准的发布顺序号为50…。

行业标准代号由国务院标准化行政主管部门规定。目前，国务院标准化行政主管部门已批准发布了58个行业标准代号。例如，建材行业标准的代号为"JC"。行业标准的编号由行业标准代号、标准顺序号及年号组成。工程建设行业标准的代号为"××J"，例如，建设工程行业标准的代号为"JGJ"。

地方标准的代号，由汉语地标拼音字母"DB"加上省、自治区、直辖市行政区划代码前两位数、再加斜线、顺序号和年号共四部分组成。

8.2.3 标准的性质

国家标准、行业标准分为强制性标准和推荐性标准。保障人体健康，人身、财产安全，工程建设质量、安全、卫生标准和法律、行政法规规定强制执行的标准是强制性标准，其他标准是推荐性标准。《标准化法》同时还规定，省、自治区、直辖市标准化行政主管部门制定的工业产品的安全、卫生要求的地方标准，在本行政区域内是强制性标准。

强制性标准可分为全文强制和条文强制两种形式：

（1）标准的全部技术内容需要强制时，为全文强制形式；

（2）标准中部分技术内容需要强制时，为条文强制形式。

强制性标准以外的标准是推荐性标准，也就是说，推荐性标准是非强制执行的标准，国家鼓励企业自愿采用推荐性标准。

所谓推荐性标准，是指生产、交换、使用等方面，通过经济手段调节而自愿采用的二类标准，又称为自愿性标准。这类标准任何单位都有权决定是否采用，违反这类标准，不承担经济或法律方面的责任。但是，一经接受采用，或各方面商定同意纳入商品、经济合同之中，就成为各方共同遵守的技术依据，具有法律上的约束力，各方必须严格遵照执行。

8.2.4 技术标准的功能

标准是被作为规则、指南或特性界定反复使用，包含有技术性细节规定和其他精确规范的成文协议，以确保材料、产品、过程与服务符合特定的目的。经济学家则把标准看成是在用户需求，生产者技术可能性与相关成本，以及政府为社会利益所强加的各种约束之间实现的平衡。

从标准的存在形式与功能看，标准具有相当的"公共产品"特性。标准的公共产品性质来自标准存在巨大的外部性收益，且很多标准是社会发展所积累的公共知识的载体。

标准的功能主要体现在如下几个方面：

（1）降低交易成本。如质量标准通过提供产品功能、性能变化、安全性等方面的相关信息，降低了交易双方的交易成本，提高了交易的效率，有利于交易的达成。公认的质量标准不仅可以降低产品购买者的风险，而且可以减少购买者在购买前用于评价该产品所花的时间和精力。

（2）降低交易中的信息不对称，减少市场失败。标准使消费者在交易之前就可了解并评价产品质量与性能，如消防栓与消防龙头的兼容标准如果不存在，一旦失火就可能由于无法相接导致巨大火灾损失。

（3）减少产品种类，实现规模经济。标准限制了产品特征的数量和特定范围，如产品规格或质量水平，从而限制了消费者的选择范围，但在产品种类下降的同时，扩大了每一类产品所能获得的市场规模，有利于实现生产的规模经济。

（4）确保产品兼容性。当一种产品功能的发挥需要其他产品配合，或者一个"系统"中的其他组件配合时，就产生了对兼容标准或界面标准的需要。在系统产品的组件协同工作基础上，兼容标准可以起到扩大兼容产品的市场规模的作用。

8.3 采用国际标准和国外先进标准

8.3.1 国际标准和国外先进标准

国际标准是指国际标准化组织（ISO）、国际电工委员会（IEC）和国际电信联盟（ITU）制定的标准，以及国际标准化组织确认并公布的其他国际组织制定的标准。国际标准在世界范围内统一使用，ISO确认并公布的标准。发达国家的国外先进标准是指未经ISO确认并公布的其他国际组织的标准、发达国家标准、区域性组织的标准、国际上有权威的团体标准和企业（公司）标准中的先进标准。

8.3.2 采用国际标准

采用国际标准是指将国际标准的内容，经过分析研究和试验验证，等同或修改转化为我国标准（包括国家标准、行业标准、地方标准和企业标准），并按我国标准审批发布程序审批发布。国家鼓励积极采用国际标准和国外先进标准。采用国际标准和国外先进标准是我国一项重要的技术经济政策，是技术引进的重要组成部分。

我国标准采用国际标准的程度分为两种：

（1）等同采用。是指与国际标准在技术内容和文本结构上相同，或者与国际标准在技术内容上相同，只存在少量编辑性修改。

（2）修改采用。是指与国际标准之间存在技术性差异，并清楚地标明这些差异以及解释其产生的原因，允许包含编辑性修改。修改采用不包括只保留国际标准中少量或者不重要的条款的情况。修改采用时，我国标准与国际标准在文本结构上应当对应，只有在不影响与国际标准的内容和文本结构进行比较的情况下才允许改变文本结构。

两种采用程度在我国国家标准封面上和首页上表示方法如下：
GB×××× ×××× (idtISO××××：××××)
GB×××× ×××× (modISO××××：××××)

8.4 企业标准化的构成与实施

8.4.1 企业标准化的概念和基本任务

企业标准化是指以提高经济效益为目标，以搞好生产、管理、技术和营销等各项工作为主要内容，制定、贯彻实施和管理维护标准的一种有组织的活动。企业标准化有以下三个特征：

（1）企业标准化必须以提高经济效益为中心。企业标准化是以提高经济效益为中心，把能否取得良好的效益，作为衡量企业标准化工作好坏的重要标志。

（2）企业标准化贯穿于企业生产、技术、经营管理活动的全过程。现代企业的生产经营活动，必须进行全过程的管理，即产品（服务）开发研究、设计、采购、试制、生产、销售、售后服务都要进行管理。

（3）企业标准化是制定标准和贯彻标准的一种有组织的活动。企业标准化是一种活动，而这种活动是有组织的、有目标的、有明确内容的。其实质内容就是制定企业所需的各种标准，组织贯彻实施有关标准，对标准的执行进行监督，并根据发展适时修订标准。

8.4.2 企业标准体系的构成

企业标准体系是指企业内部的标准按其内在联系形成的科学有机整体。企业标准体系的构成，以技术标准为主体，包括管理标准和工作标准。

（1）企业技术标准。主要包括：技术基础标准、设计标准、产品标准、采购技术标准、工艺标准、工装标准、原材料及半成品标准、能源和公用设施技术标准、信息技术标准、设备技术标准、零部件和器件标准、包装和储运标准、检验和试验方法标准、安全技术标准、职业卫生和环境保护标准等。

（2）企业管理标准。主要包括：管理基础标准、营销管理标准、设计与开发管理标准、采购管理标准、生产管理标准、设备管理标准、产品验证管理标准、不合格品纠正措施管理标准、人员管理标准、安全管理标准、环境保护和卫生管理标准、能源管理标准和质量成本管理标准等。

（3）企业工作标准。主要包括：中层以上管理人员通用工作标准、一般管理人员通用工作标准和操作人员通用工作标准等。

8.4.3 企业标准贯彻实施的监督

对企业标准贯彻实施进行监督的主要内容是：

（1）国家标准、行业标准和地方标准中的强制性标准、强制性条文企业必须严格执行；不符合强制性标准的产品，禁止出厂和销售。

（2）企业生产的产品，必须按标准组织生产，按标准进行检验。经检验符合标准的产品，由企业质量检验部门签发合格证书。

(3) 企业研制新产品、改进产品、进行技术改造和技术引进，都必须进行标准化审查。

(4) 企业应当接受标准化行政主管部门和有关行政主管部门，依据有关法律、法规对企业实施标准情况进行的监督检查。

8.5 钢结构工程有关标准及规范的介绍

8.5.1 《钢结构设计规范》(GB 50017—2003)

《钢结构设计规范》GB 50017—2003 由北京钢铁设计研究总院会同有关设计、教学和科研单位组成修订编制小组，对《钢结构设计规范》GB 17—88 进行全面修订，由建设部以公告第 147 号文颁布，自 2003 年 12 月 1 日实施。

本规范共 11 章和 6 个附录。其主要内容包括：总则、术语和符号、基本设计规定、受弯构件的计算、轴心受力构件和拉弯、压弯构件的计算、疲劳计算、连接计算、构造要求、塑性设计、钢管结构、钢与混凝土组合梁。

本次修订在对原规范条文进行修改、调整和删除的同时，新增了许多内容，如荷载和荷载效应计算，单轴对称截面轴压构件考虑绕对称轴弯扭屈曲的计算方法，带有摇摆柱的无支撑纯框架柱和弱支撑框架柱的计算长度确定方法，梁与柱的刚性连接，连接节点处板件的计算，插入式柱脚、埋入式柱脚及外包式柱脚的设计和构造规定，大跨度屋盖结构的设计和构造要求的规定，提高寒冷地区结构抗脆断能力的要求的规定，空间圆管节点强度计算公式等。

8.5.2 《钢结构工程施工质量验收规范》(GB 50205—2001)

为加强建筑工程质量管理，统一钢结构工程施工质量的验收，保证钢结构工程质量，制定本规范。本规范是依据《建筑工程施工质量验收统一标准》GB 50300 和建筑工程质量验收规范系统标准的宗旨，贯彻"验评分离，强化验收，完善手段，过程控制"十六字改革方针，将原来的《钢结构工程施工及验收规范》GB 50205—95 与《钢结构工程质量检验评定标准》GB 50221—95 修改合并成新的《钢结构工程施工质量验收规范》(GB 50205—2001)，以此统一钢结构工程施工质量的验收方法、程序和指标。

GB 50205—2001 规范的适用范围含建筑工程中的单层、多层、高层钢结构及钢网、金属压型板等钢结构工程施工质量验收。组合结构、地下结构中的钢结构可参照本规范进行施工质量验收。对于其他行业标准没有包括的钢结构构筑物，如通廊、照明塔架、管道支架、跨线过桥等也可参照本规范进行施工质量验收。

钢结构工程施工中采用的工程技术文件、承包合同文件对施工质量验收的要求不得低于本规范的规定。

8.5.3 《建筑工程施工质量验收统一标准》(GB 50300—2001)

《建筑工程施工质量验收统一标准》GB 50300—2001 是根据《关于印发一九九八年工

程建设国家标准制订、修订计划的通知》的通知，由中国建筑科学研究院会同中国建筑业协会工程建设质量监督分会等有关单位共同编制完成的。

本标准在编制过程中进行了广泛的调查研究，总结了我国建筑工程施工质量验收的实践经验，坚持了"验评分离，强化验收，完善手段，过程控制"的指导思想，并广泛征求了有关单位的意见，于2000年10月进行定稿。

GB 50300—2001标准将有关建筑工程的施工及验收规范和工程质量检验评定标准合并，组成新的工程质量验收规范体系，以统一建筑工程施工质量的验收方法、质量标准和程序。本标准规定了建筑工程各专业工程施工验收规范编制的统一准则和单位工程验收质量标准、内容和程序；增加了建筑工程施工质量验收中子单位和子分部工程的划分、涉及建造工程安全和主要使用功能的见证取样及抽样检验。建筑工程各专业工程施工质量验收规范必须与本标准配合使用。

8.5.4 《网架结构设计与施工规程》（JGJ 7—91）

《网架结构设计与施工规程》JGJ 7—91是根据原城乡建设环境保护部（86）城科字第263号文的要求，由中国建筑科学研究院会同浙江大学主编的《网架结构设计与施工规程》，经审查，批准为行业标准，编号JGJ7-91，自1992年4月1日起施行。

本规程是为了在网架结构的设计与施工中，做到技术先进、经济合理、安全适用、确保质量而制定。

本标准适用于工业与民用建筑屋盖及楼层的平板型网架结构（简称网架结构），其中屋盖跨度不宜大于120m，楼层跨度不宜大于40m。

JGJF 91规程是遵照国家标准《建筑结构设计统一标准》GBJ 68—84、《建筑结构设计通用符号、计量单位和基本术语》GBJ 83—85、《建筑结构荷载规范》GBJ 9—87、《建筑抗震设计规范》GBJ 11—89、《钢结构设计规范》GBJ 17—88、《冷弯薄壁型钢结构技术规范》GBJ 18—87和《钢结构工程施工及验收规范》GBJ 205，结合网架结构的特点而编制的。在设计与施工中除符合本规程的要求外，尚应遵守《网架结构工程质量检验评定标准》JGJ 78—91及其他有关规范的规定。

本规程对受高温或强烈腐蚀等作用、有防火要求的网架结构，或承受动力荷载的楼层网架结构，应符合现行有关专门规范或规程的要求。直接承受中级或重级工作制的悬挂吊车荷载并需进行疲劳验算的网架结构，其疲劳强度及构造应经过专门的试验确定。

本规程中网架的选型和构造应综合考虑材料供应和施工条件与制作安装方法，以取得良好的技术经济效果。网架结构中的杆件和节点，宜减少规格类型，以便于制作安装。

8.5.5 《建筑钢结构防火技术规范》（CECS 200：2006）

《建筑钢结构防火技术规范》CECS 200：2006是根据中国工程建设标准化协会（2002）建标协字第33号文《关于印发中国工程建设标准化协会2002年第二批标准制订、修订项目计划的通知》的要求，制定了本规范。

本规范是在我国系统科学研究和大量工程实践的基础上，参考国外现行钢结构防火标准，经广泛征求国内相关单位的意见以及英国、新加坡和香港地区专家的意见后完成编制的。

根据国家计委计标【1986】1649号文《关于请中国工程建设标准化委员会负责组织推荐性工程建设标准试点工作的通知》的要求，批准发布协会标准《建筑钢结构防火技术规范》，编号为CECS200：2006，推荐给工程建设设计、施工和使用单位采用。

CECS 200：2006规范由中国工程建设标准化协会钢结构专业委员会CECS/TC 1归口管理，由同济大学土木工程学院负责解释及相关单位参编完成。

本规范的主要内容是为防止和减小建筑钢结构的火灾危害，保护人身和财产安全，经济、合理地进行钢结构抗火设计和采取防火保护措施。

本规范适用于新建、扩建和改建的建筑钢结构和组合结构的抗火设计和防火保护。

本规范是以火灾高温下钢结构的承载能力极限状态为基础，根据以概率为基础的极限状态设计法的原则制定的。

建筑钢结构的防火设计和防火保护，除应符合本规范的规定外，尚应符合我国现行有关标准的规定。

8.5.6 《建筑钢结构焊接技术规程》(JGJ 81—2002)

《建筑钢结构焊接技术规程》JGJ 81—2002是根据建设部建标[1999]309号文的要求，规程编制组经广泛调查研究，认真总结实践经验，参考有关国际标准和国外先进标准，并在广泛征求意见的基础上，对《建筑钢结构焊接规程》(JGJ 81—91)进行了全面修订，制定了本规程。

本规程的主要技术内容是：1 总则；2 基本规定；3 材料；4 焊接节点构造；5 焊接工艺评定；6 焊接工艺；7 焊接质量检查；8 焊接补强与加固；9 焊工考试。

本次修订的主要技术内容是：

第一章总则，扩充了适用范围，明确了建筑钢结构板厚下限、类型和适用的焊接方法。

第二章基本规定，是新增加的内容。明确规定了建筑钢结构焊接施工难易程度区分原则、制作与安装单位资质要求、有关人员资格职责和质量保证体系等。

第三章材料，取消了常用钢材及焊条、焊丝、焊剂选配表和钢材碳当量限制，增加了钢材和焊材复验要求、焊材及气体应符合的国家标准、钢板厚度方向性能要求等。

第四章焊接节点构造，增加了不同焊接方法焊接坡口的形状和尺寸、管结构各种接头形式与坡口要求、防止板材产生层状撕裂的节点形式、构件制作与工地安装焊接节点形式、承受动载与抗震焊接节点形式以及组焊构件焊接节点的一般规定，并对焊缝的计算厚度作了修订。

第五章焊接工艺评定，对焊接工艺评定规则、试件试样的制备、试验与检验等内容进行了全面扩充，增加了焊接工艺评定的一般规定和重新进行焊接工艺评定的规定。

第六章焊接工艺，取消了各种焊接方法工艺参数参照表，增加了焊接工艺的一般规定、各种焊接方法选配焊接材料示例、焊接预热、后热及焊后消除应力要求、防止层状撕裂和控制焊接变形的工艺措施。

第七章焊接质量检查，对焊缝外观质量合格标准、不同形式焊缝外形尺寸允许偏差及无损检测要求进行了修订，增加了焊接检验批的划分规定，圆管T、K、Y节点的焊缝超声波探伤方法和缺陷分级标准以及箱形构件隔板电渣焊焊缝焊透宽度的超声波检测方法。

第八章焊接补强与加固，对钢结构的焊接与补强加固方法作了修订和补充，增加了钢结构受气相腐蚀作用时其钢材强度计算方法、负荷状态下焊缝补强与加固的规定、承受动荷载构件名义应力与钢材强度设计值之比 β 的规定、考虑焊接瞬时受热造成构件局部力学性能降低及采取相应安全措施的规定和焊缝强度折减系数等内容。

第九章焊工考试，修订了考试内容和分类，在焊工手工操作技能考试方面，增加了附加考试和定位焊考试。

本规程由建设部负责管理和对强制性条文的解释，由主编单位中冶集团建筑研究总院负责具体技术内容的解释。

8.6 钢结构工程有关标准及规范的管理

施工项目必须配备合同要求及施工技术管理所必需的现行施工与设计技术标准、规范与规程，并确保使用的规范有效。项目每年都要下载最新的技术标准和规范目录清单，及时做好技术标准与规范的更新工作。

常用的钢结构工程施工技术规范，项目工程技术人员应人手一册。测量组及试验室另配备相应的技术规范、规程，质检员和内部监理员配备质量检验评定标准，项目总工程师另配备一套常用的技术标准和规范。

项目档案管理人员要建立项目所有的技术标准与规范台账，从项目档案室借阅、发放的技术标准与规范要履行签字手续。

9 钢结构工程技术资料和档案管理

9.1 钢结构工程施工技术资料管理

9.1.1 钢结构工程施工技术资料管理流程与规定

1. 施工技术资料管理流程

钢结构工程施工技术资料管理流程如图 9-1 所示。

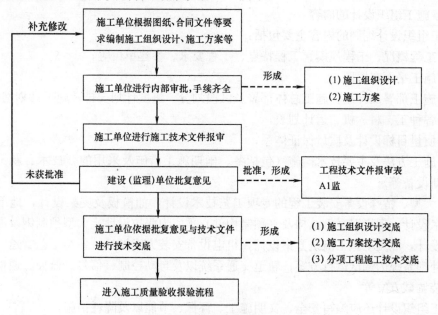

图 9-1 施工技术资料管理流程

2. 施工技术资料管理规定

(1) 钢结构工程施工技术文件由施工单位编制，由建设单位和施工单位保存；其他参建单位按其在工程中的相应职责做好相应工作。

(2) 建设单位应按《建设工程文件归档整理规范》GB/T 50382—2001 的要求。于工程竣工验收后 3 个月内报送当地城建档案管理机构。

(3) 总承包工程项目，由总承包单位负责汇集、整理所有施工技术文件。

(4) 施工技术文件应随施工进度及时整理。所需表格应按有关法规规定的要求认真填写，字迹清楚、项目齐全、记录准确、完整真实。

(5) 施工技术文件应严格按有关法规规定签字、盖章。

(6) 施工合同中应对施工技术文件的编制要求和移交期限作出明确规定。施工技术文件应有建设单位签署的意见，应有监理单位对认证项目的认证记录。

(7) 建设单位在组织工程竣工验收前，应提请当地的城建档案管理机构对施工技术文

75

件进行预验收，验收不合格不得组织工程竣工验收。城建档案管理机构在收到施工技术文件后七个工作日内提出验收意见，七个工作日内不提出验收意见，视为同意。

（8）施工技术文件不得任意涂改、伪造、随意抽撤、损毁或丢失。对于弄虚作假、玩忽职守而造成文件不符合真实情况的，由有关部门追究责任单位和个人的责任。

9.1.2 钢结构工程施工技术资料的内容与要求

1. 施工组织设计（项目管理规划）

施工组织设计（项目管理规划）为统筹计划施工，科学组织管理，采用先进技术保证工程质量，安全文明生产，环保、节能、降耗，实现设计意图，是指导施工生产的技术性文件。单位工程施工组织设计应在施工前编制，并应依据施工组织设计编制部位、阶段和专项施工方案。

（1）施工组织设计的内容

施工组织设计编制的内容主要包括：

1）工程概况、工程规模、工程特点、工程要求、参建单位等；

2）施工平面布置图；

3）施工部署及计划，施工总体部署及区段划分，进度计划安排及施工计划网络图；

4）各种工、料、机、运计划表；

5）质量目标设计及质量保证体系；

6）施工方法及主要技术措施（包括冬、雨期施工措施及采用的新技术、新工艺、新材料、新设备等）；

7）大型、特殊设备安装工程的专项工艺技术设计，如模板及支架设计，地下基坑等工艺技术设计，现浇混凝土结构及（预制构件）预应力张拉设计，大型预制钢及混凝土构件吊装设计，混凝土施工浇筑方案设计，机电设备安装方案设计，各类工艺管道，给水排水工艺处理系统的调试运行方案；轨道交通系统以及自动控制、信号、监控、通信、通风系统安装调试方案等。

施工组织设计还应编写安全、文明施工、环保、节能以及降耗措施。

施工方案是施工组织设计的核心内容，是工程施工技术指导文件。桥梁结构、厂（场）站、大型设备工程的施工方案更直接关系着工程结构的质量及耐久性，方案必须按相关规程由相应的主管技术负责人负责组织编制，重大工程施工方案的编制应经过专家论证或方案研讨。

（2）施工组织设计的审批

施工组织设计审批应填写《施工组织设计审批表》（表9-1），并经施工单位有关部门会签、主管部门归纳汇总后，提出审核意见，报审批人进行审批，施工单位盖章方有效，审批内容一般应包括：内容完整性、施工指导性、技术先进性、经济合理性、实施可行性等方面，各相关部门根据职责把关；审批人应签署审查结论、盖章。在施工过程中如有较大的施工措施或方案变动时，还应有变动审批手续。

2. 施工图设计文件会审、技术交底

（1）工程开工前必须组织图纸会审，由承包工程的技术负责人组织施工、技术等有关人员对施工图进行全面学习、审查并做好《图纸审查记录》（表9-2），将图纸审查中的问题整理、汇总，报监理（建设）单位，由监理（建设）单位提交给设计单位，以便在设计交底时予以答复。

（2）设计交底由建设单位组织并整理、汇总设计交底要点及研讨问题的纪要，填写《设计交底记录》（表9-3），各单位主管负责人会签，并由建设单位盖章，形成正式文件。

（3）技术交底记录（表9-4）包括施工组织设计交底，新技术、新工艺、新材料、新设备及主要工序施工技术交底。各项交底应有文字记录，交底双方应履行签认手续。

3. 设计变更、洽商记录

（1）工程中如有洽商，应及时办理《工程洽商记录》（表9-5），内容必须明确具体，注明原图号，必要时应附图。

（2）设计变更和技术洽商，应由设计单位、施工单位和监理（建设）单位等有关各方代表签认；设计单位如委托监理（建设）单位办理签认，应办理委托手续。变更洽商原件应存档，相同工程如需要同一个洽商时，可用复印件或抄件存档并注明原件存放处。

（3）分承包工程的设计变更洽商记录，应通过工程总承包单位办理。

（4）洽商记录按专业、签订日期先后顺序编号，工程完工后由总承包单位按照所办理的变更及洽商进行汇总，填写《工程设计变更、洽商一览表》（表9-6）。

4. 安全交底记录

安全交底主要是施工单位对施工操作人员提出的安全要求、技术措施和技术指导。《安全技术交底》（表9-7）由施工单位填写并保存，一式三份，班组一份、安全员一份、交底人一份。

9.1.3 钢结构工程施工技术资料编制范例

1. 施工组织设计审批表（表9-1）

施工组织设计审批表　　　　　　　　　　　　　　　　　　表9-1

施工组织设计审批表 （表式C2-2）		编号	
工程名称	×××市××钢结构工程		
施工单位	×××市钢结构工程有限责任公司		
编制单位（章）		编制人	×××
有关部门会签意见	技术科	技术上可行，能够按计划实现。 签字：×××　　××年××月××日	
	材料、设备科	同意，设备材料可按计划实现 签字：×××　　××年××月××日	
	质量安全科	质量目标能实现，安全有保障。 签字：×××　　××年××月××日	
	经营科	同意。 签字：×××　　××年××月××日	
		签字：×××　　××年××月××日	

续表

主管部门 审核意见	该施工组织设计,设计上可行,进度目标、质量安全目标能够实现。符合有关规范、标准,符合合同要求。同意按此施工组织设计指导本工程施工。 负责人签字:×××　××年××月××日	
审批结论	同意。 审批人签字:×××　××年××月××日	审批单位 (章)

注:本表供施工单位内部审批使用,并作为向监理单位报审的依据,由施工单位保存。

2. 图纸审查记录(表 9-2)

图纸审查记录　　　　　　　　　　　　　　　　　表 9-2

图纸审查记录 (表式 C2-3)		编号		
工程名称				
施工单位		××市钢结构工程公司	技术负责人	
审查日期		××年××月××日		共1页 第1页
序号		内容		
提出问题及修改建议		提出问题: (1)×××××××× (2)×××××××× (3)×××××××× 修改建议: (1)×××××××× (2)×××××××× (3)××××××××		

注:由施工单位整理、汇总设计图纸中的问题,向有关单位报送,由施工单位保存。

3. 设计交底记录（表 9-3）

设计交底记录　　　　　　　　　　　　　　　　　　　表 9-3

设计交底记录 （表式 C2-4）		编号	
工程名称			
交底日期	××年××月××日	共1页　第1页	
交底要点及纪要：			
单位名称		签字	
建设单位	×××钢结构桥梁发展有限公司	×××	建设单位章
设计单位	××市设计院	×××	
监理单位	×××监理公司	×××	
施工单位	××市钢结构工程公司	×××	

注：由交底单位填写，交底单位与接受交底单位保存。

4. 技术交底记录（表 9-4）

技术交底记录　　　　　　　　　　　　　　　　　　　表 9-4

技术交底记录 （表式 C2-5）		编号	
工程名称	×××钢结构工程		
部门名称		工序名称	
施工单位	××市钢结构工程公司	交底日期	××年××月××日
交底内容：			
审核人	交底人		接受交底人
×××	×××		×××

注：由交底单位填写，交底单位与接受交底单位保存。

5. 工程洽商记录（表 9-5）

工程洽商记录　　　　　　　　　　　　　　　　　　　　　　　　表 9-5

工程洽商记录 （表式 C2-6）		编号		
工程名称				
施工单位		日期	××年××月××日	
洽商内容：				
建设单位	监理单位	设计单位	施工单位	
×××	×××	×××	×××	

注：由洽商提出方填写注明原图纸号，城建档案馆、建设单位、监理单位、施工单位保存。

6. 工程设计变更、洽商一览表（表 9-6）

工程设计变更、洽商一览表　　　　　　　　　　　　　　　　　　表 9-6

工程设计变更、洽商一览表 （表式 C2-7）		编号	
工程名称			
施工单位			
序号	变更、洽商单号	页数	主要变更、洽商内容
1	C2-6-001	1	
2	C2-6-002	1	
3	C2-6-003	1	
4	C2-6-004	1	

续表

技术负责人：×××　　　　　　　　　填表人：×××

　　　　　　　　　　　　　　　　　　　　　　　　　　　

××年××月××日　　　　　　　　　　　××年××月××日

注：本表由施工单位填写，建设单位、施工单位保存。

7. 安全交底记录（表 9-7）

安全交底记录　　　　　　　　　　　　　　　　　　　　表 9-7

安全交底记录 （表式 C2-8）		编号	
工程名称			
施工单位			
交底项目(部位)	混凝土浇筑	交底日期	××年××月××日
交底内容（安全措施注意事项）： (1)进入施工现场必须戴安全帽，施工现场严禁吸烟、酒后上岗。 (2)使用电动振捣器、振捣棒必须穿绝缘鞋，戴绝缘手套。 (3)施工现场内的电气设备机械，无关人员严禁动用。 (4)塔式起重机运转和落钩时，作业面施工人员均远离吊运点，待吊钩物体停稳后再进行施工作业。 (5)施工作业人员必须听从信号工的统一指挥和安排，严禁违章作业，违章指挥。 (6)如天气有变化，遇 5 级以上大风塔式起重机应停止作业。			
交底人	×××	接受交底班组长	×××	接受交底人	×××

注：本表由施工单位填写并保存（一式三份，班组一份、安全员一份、交底人一份）。

9.2 钢结构工程项目的档案管理

9.2.1 钢结构工程资料档案管理基本规定

(1) 建设、勘察、设计、施工、监理等单位应将工程文件的形成和积累纳入工程建设管理的各个环节和有关人员的职责范围。

(2) 在工程文件与档案的整理立卷、验收移交工作中，建设单位应履行下列职责：

1) 在工程招标及与勘察、设计、施工、监理等单位签订协议、合同时，应对工程文件的套数、费用、质量、移交时间等提出明确要求。

2) 收集和整理工程准备阶段、竣工验收阶段形成的文件，并应进行立卷归档。

3) 负责组织、监督和检查勘察、设计、施工、监理等单位的工程文件的形成、积累和立卷归档工作；也可委托监理单位监督、检查工程文件的形成、积累和立卷归档工作。

4) 收集和汇总勘察、设计、施工、监理等单位立卷归档的工程档案。

5) 在组织工程竣工验收前，应提请当地的城建档案管理结构对工程档案进行预验收；未取得工程档案验收认可的文件，不得组织工程竣工验收。

6) 对列入城建档案馆（室）接收范围的工程，工程竣工验收后3个月内向当地城建档案馆（室）移交一套符合规定的工程档案。

(3) 勘察、设计、施工、监理等单位应将本单位形成的工程文件立卷后向建设单位移交。

(4) 建设工程项目实行总承包的，总包单位负责收集、汇总各分包单位形成的工程档案，并应及时向建设单位移交；各分包单位应将本单位形成的工程文件整理、立卷后及时移交总包单位。建设工程项目由几个单位承包的，各承包单位负责收集、整理立卷其承包项目的工程文件，并应及时向建设单位移交。

(5) 城建档案管理针对工程文件的立卷归档工作进行监督、检查、指导。在工程竣工验收前，应对工程档案进行预验收，验收合格后，需出具工程档案认可文件。

9.2.2 钢结构工程资料编制与组卷

1. 工程资料编制质量要求

(1) 工程资料应真实反映工程实际的状况，具有永久和长期保存价值的材料必须完整、准确和系统。

(2) 工程资料应使用原件，因各种原因不能使用原件的，应在复印件上加盖原件存放单位公章，注明原件存放处，并有经办人签字及时间。

(3) 工程资料应保证字迹清晰，签字、盖章手续齐全，签字必须使用档案规定用笔。计算机形成的工程资料应采用内容打印，手工签名的方式。

(4) 施工图的变更、洽商绘图应符合技术要求。凡采用施工蓝图改绘竣工图的，必须使用反差明显的蓝图，竣工图图面应整洁，图样清晰，文字材料字迹工整、清楚。

(5) 工程档案的填写和编制应符合档案微缩管理和计算机输入的要求。

(6) 工程档案的微缩制品，必须按国家微缩标准进行制作。主要技术指标（解像力、密度、海波残留量等）应符合国家微缩标准规定，保证质量，以适应长期安全保管。

(7) 工程资料的照片（含底片）及声像档案，应图形清晰、声音清楚、文字说明或内容准确。

2. 工程资料组卷

(1) 组卷的方法

组卷应遵循工程文件的自然形成规律，保持卷内文件的有机联系，利于档案的保管和利用。一个建设工程由多个单位工程组成时，工程文件应按单位工程组卷。

工程资料组卷可采用如下方法：

1) 工程文件可按建设程序划分为工程准备阶段的文件、监理文件、施工文件、竣工图、竣工验收文件5部分。

2) 工程准备阶段文件可按建设程序、专业、形成单位等组卷。

3) 监理单位可按单位工程、分部工程、专业、阶段等组卷。

4) 施工文件可按单位工程、分部工程、专业、阶段等组卷。

5) 竣工图可按单位工程、专业等组卷。

6) 竣工验收文件可按单位工程、专业等组卷。

立卷过程要求：

1) 案卷不宜过厚，一般不超过40mm。

2) 案卷内不应有重份文件。不同载体的文件一般应分别组卷。

(2) 卷内文件的排列

1) 文字材料按事项、专业顺序排列。同一事项的请示与批复、同一文件的印本与定稿、主件与附件均不能分开，并按批复在前、请示在后，印本在前、定稿在后，主件在前、附件在后的顺序排列。

2) 图纸按专业排列，同专业图纸按图号顺序排列。

3) 既有文字材料又有图纸的案卷，文字材料排前，图纸排后。

3. 案卷的编目

(1) 编制卷内文件页号应符合下列规定：

1) 卷内文件均按有书写内容的页面编号。每卷单独编号，页号从"1"开始。

2) 页号编写位置：单面书写的文件在右下角；双面书写的文件，正面在右下角，背面在左下角；折叠后的图纸一律在右下角。

3) 成套图纸或印刷成册的科技文件材料，自成一卷的，原目录可代替卷内目录，不必重新编写页码。

4) 案卷封面、卷内目录、卷内备考表不编写页号。

(2) 卷内目录的编制应符合下列规定

1) 卷内目录的式样见表9-8。

2) 序号：以一份文件为单位，用阿拉伯数字从"1"依次标注。

3) 文件编号：填写工程文件原有的文号或图号。

4) 责任者：填写文件的直接形成单位和个人。有多个责任者时，选择两个主要责任者，其余用"等"代替。

5) 文件题名：填写文件标题的全称。

卷内目录　　　　　　　　　　　　　　　　表 9-8

序号	文件编号	责任者	文件题名	日期	页次	备注

6) 日期：填写文件形成的日期。
7) 页次：填写文件在卷内所排的起始页号及最后一份文件页号。
8) 卷内目录排列在卷内文件首页之前。

(3) 案卷封面的编制应符合下列规定：

1) 案卷封面印刷在卷盒、卷夹的正表面，也可采用内封面形式。案卷封面的式样宜符合《建设工程文件归档整理规范》（GB/T 50328—2001）附录 D 的要求。
2) 案卷封面的内容应包括：档号、档案馆代号、案卷题名、编制单位、起止日期、密级、保管期限、共几卷、第几卷。
3) 档号应由分类号、项目号和案卷号组成。档号由档案保管单位填写。
4) 档案馆代号应填写国家给定的本档案馆的编号。档案馆代号由档案馆填写。
5) 案卷题名应简明、准确地揭示卷内文件的内容。案卷题名应包括工程名称、专业名称、卷内文件的内容。
6) 编制单位应填写案卷内文件的形成单位或主要责任者。
7) 起止日期应填写案卷内全部文件形成的起止日期。
8) 保管期限分为永久、长期、短期三种期限。各类文件的保管期限详见《建设工程文件归档整理规范》（GB/T 50328—2001）附录 A。

① 永久是指工程档案需永久保存。
② 长期是指工程档案的保存期限等于该工程的使用寿命。
③ 短期是指工程档案保存 20 年以下。

同一案卷内有不同保管期限的文件，该案卷保管期限应从长。
9) 密级分为绝密、机密、秘密三种。同一案卷内有不同密级的文件，应以高密级为本卷密级。

(4) 卷内目录、卷内备考表、案卷内封面应采用 70％以上白色书写纸制作，幅面统一采用 A4 幅面。

4. 案卷装订

(1) 案卷可采用装订与不装订两种形式。文字材料必须装订，既有文字材料，又有图纸的案卷应装订。装订应采用线绳三孔左侧装订法，要整齐、牢固，便于保管和利用。
(2) 装订时必须剔除金属物。

9.2.3 竣工图内容要求

1. 概述

(1) 竣工图概念

竣工图是建筑工程竣工档案的重要组成部分，是工程建设完成后主要凭证性材料，是建筑物真实的写照，是工程竣工验收的必备条件，是工程维修、管理、改建、扩建的依据。各项新建、改建、扩建项目均必须编制竣工图。

竣工图绘制工作应由建设单位负责，也可由建设单位委托施工单位、监理单位或设计单位完成。

1）凡是施工图施工没有变动的，由竣工图编制单位在施工图图签附近空白处加盖并签署竣工图章。

2）凡一般性图纸变更，编制单位可根据设计变更依据，在施工图上直接改绘，并加盖及签署竣工图章。

3）凡结构形式、工艺、平面布置、项目等重大改变及图面变更超过40%的，应重新绘制竣工图，重新绘制的图纸必须有图名和图号，图号可按原图编号。

4）编制竣工图必须编制各专业竣工图的图纸目录，绘制的竣工图必须准确、清楚、完整、规范，修改必须到位，真实反映项目竣工验收时的实际情况。

5）用于改绘竣工图的图纸必须是用新蓝图或绘图仪绘制的白图，不得使用复印的图纸。

6）竣工图编制单位应按照国家建筑制图规范要求绘制竣工图，使用绘图笔或签字笔及不褪色的绘图墨水。

(2) 竣工图内容

1）竣工图应按单位工程，并根据专业、系统进行分类和整理。

2）竣工图包括工艺平面布置图等竣工图；建筑竣工图；幕墙竣工图；结构竣工图、钢结构竣工图；建筑给水、排水与采暖竣工图；燃气竣工图；建筑电气竣工图；智能建筑竣工图（综合布线、保安监控、电视天线、火灾报警、气体灭火等）；通风空调竣工图；地上部分的道路、绿化、庭院照明、喷泉、喷灌等竣工图；地下部分的各种市政、电力、电信管线等竣工图。

(3) 竣工图绘制类型

1）利用施工蓝图改绘的竣工图。

2）在二底图上修改的竣工图。

3）重新绘制的竣工图。

4）用CAD绘制的竣工图。

2. 竣工图绘制要求

(1) 利用施工蓝图改绘竣工图

在施工蓝图上一般采用杠（划）改、叉改法，局部修改可以圈出修改部位，在原图空白处绘出更改内容，所有变更处都必须引画索引线并注明更改依据。在施工图上改绘，不得使用涂改液涂抹、刀刮、补贴等方法修改图纸。

具体的改绘方法可视图面、改动范围和位置、繁简程度等实际情况而定，以下是常见改绘方法的举例说明。

1）取消的内容

① 尺寸、门窗型号、设备型号、灯具型号、钢筋型号和数量、注解说明等数字、文字、符号的取消，可采用杠改法。即将取消的数字、文字、符号等用横杠杠掉（不得涂抹

掉），从修改的位置引出带箭头的索引线，在索引线上注明修改依据，即"见×号洽商×条"，也可注明"见×年×月×日洽商×条"。

② 隔墙、门窗、钢筋、灯具、设备等取消，可用叉改法。即在图上将取消的部分打"×"，在图上描绘取消的部分较长时，可视情况打几个"×"，达到表示清楚为准。并从图上修改处见箭头索引线引出，注明修改依据。

2）增加的内容：

① 在建筑物某一部位增加隔墙、门窗、灯具、设备钢筋等，均应在图上的实际位置用规范制图方法绘出，并注明修改依据。

② 如增加的内容在原位置绘不清楚时，应在本图适当位置（空白处）按需要补绘大样图，并保证准确、清楚，如本图上无位置可绘时，应另用硫酸纸绘补图并晒成蓝图或用绘图仪绘制白图后附在本专业图纸之后。注意在原修改位置和补绘图纸上均应注明修改依据，补图要有图名和图号。

3）内容变更：

① 数字、符号、文字的变更，可在图上用杠改法将取消的内容杠去，在其附近空白处增加更正后的内容，并注明修改依据。

② 设备配备位置，灯具、开关型号等变更引起的改变；墙、板、内外装修等变化均应在原图上绘制。

③ 当图纸某部位变化较大、或在原位置上改绘有困难，或改绘后杂乱无章，可以采用以下办法改绘：

a. 画大样改绘：在原图上标出应修改部位的范围，后在需要修改的图纸上绘出修改部位的大样图，并在原图改绘范围和改绘的大样图处注明修改依据。

b. 另绘补图修改：如原图纸无空白处，可把应改绘的部位绘制在硫酸纸补图晒成蓝图后，作为竣工图纸，补在本专业图纸之后。具体做法为：在原图纸上画出修改范围，并注明修改依据和见某图（图号）及大样图名；在补图上注明图号和图名，并注明是某图（图号）某部位的补图和修改依据。

c. 个别蓝图需要重新绘制竣工图：如果某张图纸修改不能在原蓝图上修改清楚，应重新绘制整张图作为竣工图。重绘的图纸应按国家制图标准和绘制竣工图的规定制图。

4）加写说明：

凡设计变更、洽商的内容应当在竣工图上修改的，均应用绘图方法改绘在蓝图上，不再加写说明。如果修改后的图纸仍然有内容无法表示清楚，可用精练的语言适当加以说明。

① 图上某一种设备、门窗等型号的改变，涉及多处修改时，要对所有涉及的地方全部加以改绘，其修改依据可标注在一个修改处，但需在此作出简单说明。

② 钢筋的代换，混凝土强度等级改变，墙、板、内外装修材料的变化，由建设单位自理的部分等在图上修改难以用作图方法表达清楚时，可加注或用索引的形式加以说明。

③ 凡涉及说明类型的洽商，应在相当的图纸上使用设计规范用语反映洽商内容。

5）注意事项：

① 施工图纸目录必须加盖竣工图章，作为竣工图归档。凡有作废、补充、增加和修改的图纸，均应在施工图目录上标注清楚。即作废的图纸在目录上杠掉，补充的图纸在目

录上列出图名、图号。

② 如某施工图改变量大，设计单位重新绘制了修改图的，应以修改图代替原图，原图不再归档。

③ 凡是洽商图作为竣工图，必须进行必要的制作：

a. 如洽商图是按正规设计图纸要求进行绘制的可直接作为竣工图，但需统一编写图名、图号，并加盖竣工图章，作为补图。并在说明中注明是哪张图哪个部位的修改图，还要在原图修改部位标注修改范围，并标明见补图的图号。

b. 如洽商图未按正规设计要求绘制，均应按制图规定另行绘制竣工图，其余要求同上。

④ 某一条洽商可能涉及两张或两张以上图纸，某一局部变化可能引起系统变化等，凡涉及的图纸和部位均应按规定修改，不能只改其一，不改其二。

一个标高的变动，可能在平、立、剖、局部大样图上都要涉及，均应改正。

⑤ 不允许将洽商的附图原封不动地贴在或附在竣工图上作为修改，也不允许将洽商的内容抄在蓝图上作为修改。凡修改的内容均应改绘在蓝图上或做补图附在图纸之后。

⑥ 根据规定须重新绘制竣工图时，应按绘制竣工图的要求制图。

⑦ 修改时，字、线、墨水使用的规定：

a. 字：采用仿宋字，字体的大小要与原图采用字体的大小相协调，严禁错、别、草字。

b. 线：一律使用绘图工具，不得徒手绘制。

⑧ 施工蓝图的规定：图纸反差要明显，以适应微缩等技术要求。凡旧图、反差不好的图纸不得作为改绘用图。修改的内容和有关说明均不得超过原图框。

（2）在二底图上修改的竣工图

1）用设计底图或施工图制成二底（硫酸纸）图，在二底图上依据设计变更、工程洽商内容用刮改法进行绘制，即用刀片将需要更改部位刮掉，再用绘图笔绘制修改内容，并在图中空白处做一修改备考表，注明变更、洽商编号（或时间）和修改内容。

修改备考表见表 9-9。

修改备考表　　　　　　　　　　　表 9-9

变更、洽商编号（或时间）	内容（简要提示）

2）修改的部位用语言描述不清楚时，也可用细实线在图上画出修改范围。

3）以修改后的二底图或蓝图作为竣工图，要在二底图或蓝图上加盖竣工图章。没有改动的二底图转作竣工图也要加盖竣工图章。

4) 如果二底图修改次数较多,个别图面可能出现模糊不清等技术问题,必须进行技术处理或重新绘制,以期达到图面整洁、字迹清楚等质量要求。

(3) 重新绘制的竣工图

根据工程竣工现状和洽商记录绘制竣工图,重新绘制竣工图要求与原图比例相同,符合制图规范,有标准的图框和内容齐全的图签,图签中应有明确的"竣工图"字样或加盖竣工图章。

(4) 用CAD绘制的竣工图

在电子版施工图上依据设计变更、工程洽商的内容进行修改,修改后用云图圈出修改部位,并在图中空白处做一修改备考表,表式要求同表9-9的要求。同时,图签上必须有原设计人员签字。

3. 竣工图章

(1) "竣工图章"应具有明显的"竣工图"字样,并包括编制单位名称、制图人和编制日期等基本内容。编制单位、制图人、审核人、技术负责人要对竣工图负责。

竣工图章内容、尺寸如图9-2所示。

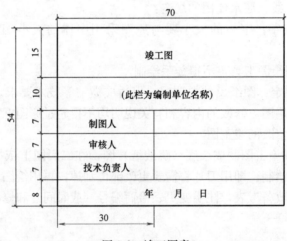

图9-2 竣工图章

(2) 所有竣工图应由编制单位逐张加盖、签署竣工图章。竣工图章中签名必须齐全,不得代签。

(3) 凡由设计院编制的竣工图,其设计图章中必须明确竣工阶段,并由绘制人和技术负责人在设计图签中签字。

(4) 竣工图章应加盖在图签附近的空白处。

(5) 竣工图章应使用不褪色红色或蓝色印泥。

4. 竣工图图纸折叠方法

(1) 一般要求

1) 图纸折叠前应按裁图线裁剪整齐,其图纸幅面应符合图9-3及表9-10的规定。

2) 图面应折向内,成手风琴风箱式。

3) 折叠后幅面尺寸应以4号图纸基本尺寸(297mm×210mm)为标准。

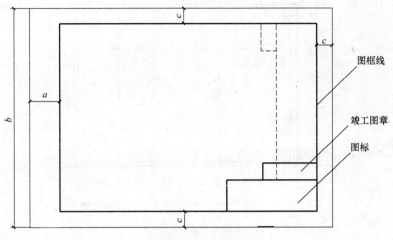

图 9-3 图纸幅面

图纸幅面尺寸（mm） 表 9-10

基本幅面代号	0	1	2	3	4
$b \times l$	841×1189	594×841	420×594	297×420	297×210
c	10			5	
a	25				

4）图纸及竣工图章应露在外面。

5）3号～0号图纸应在装订边297mm处折一三角或剪一缺口，折进装订边。

（2）折叠方法

1）4号图纸不折叠。

2）3号图纸折叠见图9-4（图中序号表示折叠次序，虚线表示折起的部分，以下同）。

3）2号图纸折叠见图9-5。

4）1号图纸折叠见图9-6。

5）0号图纸折叠见图9-7。

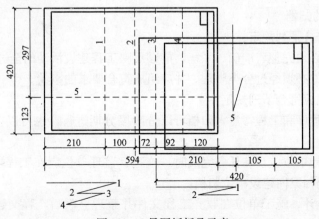

图 9-4 3号图纸折叠示意

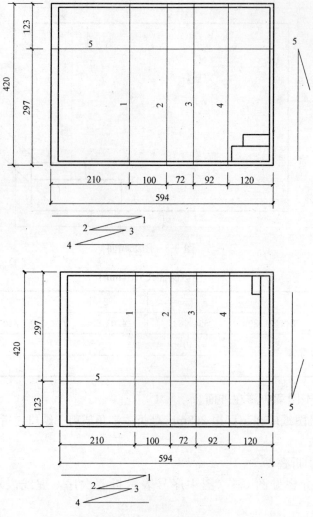

图 9-5　2号图纸折叠示意

9.2.4　钢结构工程档案的归档与验收

1. 工程资料的归档

(1) 归档应符合下列规定：

1) 归档文件必须完整、准确、系统，能够反映工程建设活动的全过程。

2) 归档的文件必须经过分类整理，并应组成符合要求的案卷。

(2) 归档时间应符合下列规定：

1) 根据建设程序和工程特点，归档可以分阶段分期进行，也可以在单位或分部工程竣工验收后进行。

2) 勘察、设计单位应当在任务完成时，施工、监理单位应在工程竣工验收前，将各自形成的有关工程档案向建设单位归档。

(3) 勘察、设计、施工单位在收齐工程文件并整理立卷后，移交建设单位，建设单位、监理单位应根据城建档案管理机构的要求对档案文件完整、准确、系统情况和案卷质

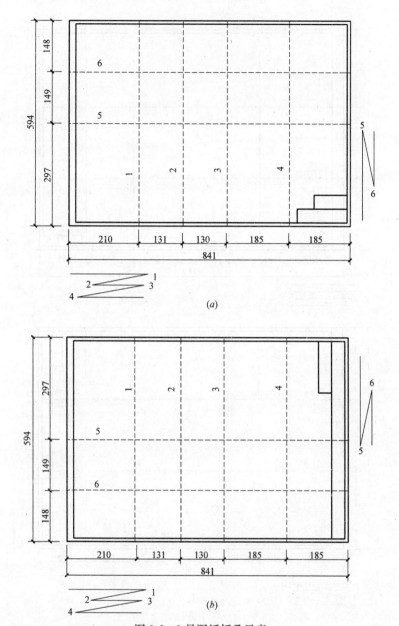

图 9-6　1号图纸折叠示意

量进行审查。审查合格后向城建档案馆移交。

（4）工程档案一般不少于两套，一套由建设单位保管，一套（原件）移交当地城建档案馆（室）。

（5）勘察、设计、施工、监督等单位向建设单位移交档案时，应编制移交清单，双方签字、盖章后方可交接。

（6）凡设计、施工及监理单位需要向本单位归档的文件，应按国家有关规定和相关要求立卷归档。

2. 工程档案的验收

（1）档案验收的基本要求是档案的完整性、准确性和系统性。

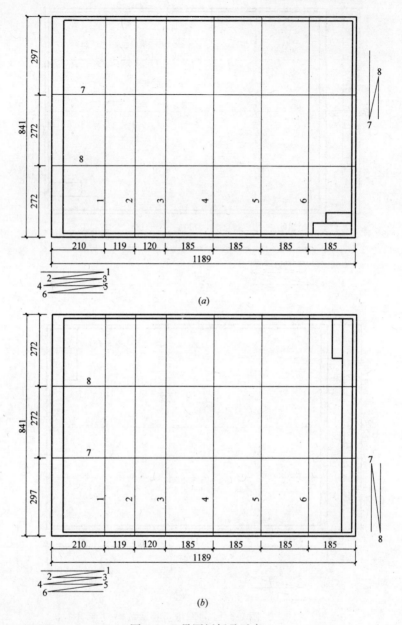

图9-7 0号图纸折叠示意

(2) 档案验收的检查内容及质量要求如下：

1) 查依据性文件材料。

2) 查设计文件材料

3) 查施工技术文件资料

4) 查专项验收材料。

5) 核对竣工图。

6) 查案卷质量：包括内在质量和外观质量。

(3) 档案验收的方法包括阶段验收和预验收，档案验收与工程验收同步进行。

10 计量工作管理

10.1 计量基本概念

10.1.1 计量的概念

人类在认识和改造自然界的过程中，对自然界各种现象或物质进行了大量的比较。在不断比较中积累经验，逐渐产生了"量"的概念，使自然界各种现象或物质都能通过一定的"量"来描述和体现。也就是说"量是现象、物体或物质可定性区别与定量确定的一种属性"。对各种"量"进行分析和确认是认识世界和造福人类必不可少的，人们不但要区分量的性质，还要确定其量值。计量正是达到这种目的的重要手段之一。从广义上说，计量是对"量"的定性分析和定量确认的过程。

计量是实现单位统一、保障量值准确可靠的活动。计量学是关于测量的科学，它涵盖测量理论和实践的各个方面。在相当长的历史时期内，计量的对象主要是物理量。在历史上，计量被称为度量衡，即指长度、容积、质量的测量，所用的器具主要是尺、斗、秤。早在公元前221年，秦始皇统一六国后，就决定把战国时混乱的度量衡制度统一起来。随着科技、经济和社会的发展，计量的对象逐渐扩展到工程量、化学量、生理量，甚至心理量。与此同时，计量的内容也在不断地扩展和充实，通常可概括为六个方面：

(1) 计量单位与单位制；
(2) 计量器具（或测量仪器），包括实现或复现计量单位的计量基准、计量标准与工作计量器具；
(3) 量值传递与溯源，包括检定、校准、测试、检验与检测；
(4) 物理常量材料与物质特性的测定；
(5) 测量确定度、数据处理与测量理论及其方法；
(6) 计量管理，包括计量保证与计量监督等。

计量涉及社会的各个领域。根据其作用与地位，计量可分为科学计量、工程计量和法制计量三类，分别代表计量的基础性、应用性和公益性三个方面。

科学计量是指基础性、探索性、先行性的计量科学研究，它通常采用最新的科技成果来准确定义和实现计量单位，并为最新的科技发展提供可靠的测量基础。

工程计量是指各种工程建设、工业企业中的实用计量。随着工程建设、工业产品技术含量提高和复杂性的增大，为保证经济贸易全球化所必需的一致性和互换性，它已成为生产过程控制不可缺少的环节。

法制计量是指由政府或授权机构根据法制、技术和行政的需要进行强制管理的一种社会公用事业，其目的主要是保证与贸易结算、安全防护、医疗卫生、环境监测、资源控制、社会管理等有关的测量工作的公正性和可靠性。

计量属于国家的基础事业。它不仅为科学技术、国民经济和国防建设的发展提供技基础，而且有利于最大限度地减少商贸、医疗、安全等诸多领域的纠纷，维护社会各方的合法权益。计量的特点可以归纳为准确性、一致性、溯源性及法制性四个方面：

（1）准确性是指测量结果与被测量真值的一致程度。

（2）一致性是指在统一计量单位的基础上测量结果应是可重复、可再现（复现）、可比较的。

（3）溯源性是指任何一个测量结果或测量标准的值，都能通过一条具有规定不确定度的、不间断的比较链，与测量基准联系起来的特性。

（4）法制性是指计量必需的法制保障方面的特性。

由此可见，计量不同于一般的测量。测量是以确定量值为目的的一组操作，一般不具备，也不必完全具备上述特点。计量既属于测量而又严于一般的测量，在这个意义上可以狭义地认为，计量是与测量结果置信度有关的、与测量不确定度联系在一起的一种规范化的测量。

10.1.2 计量法律和法规

我国现已基本形成由《中华人民共和国计量法》及其配套的计量行政法规、规章（包括规范性文件）构成的计量法规体系。《计量法》是调整计量法律关系的法律规范的总称。《计量法》共6章35条，基本内容包括：

（1）计量立法宗旨；

（2）调整范围；

（3）计量单位制；

（4）计量器具管理；

（5）计量监督；

（6）计量授权；

（7）计量认证；

（8）计量纠纷的处理。计量单位符号没有复数形式，不得附加任何其他标记或符号来表示量的特性或测量过程的信息。它不是缩略语，除正常语句结尾的标点符号外，词头或单位符号后都不加标点。

由两个以上单位相乘构成的组合单位，相乘单位间可用乘点，也可不用。但是，单位中文符号相乘时必须用乘点。例如：力矩单位牛顿米的符号为 N·m 或 Nm，但其中文符号仅为牛·米。相除的单位符号间用斜线表示或采用负指数。例如：密度单位符号可以是 kg/m 或 kg·m^{-1}，其中文符号可以是千克/米，或千克·米$^{-1}$。单位中分子为1时，只用负数幂。例如：用 m^{-3}，而不用 1/m^3。表示相除的斜线在一个单位中最多只有一条，除非采用括号能澄清其含义。例如：用 W/(K·m)，而不用 W/K/m 或 W/K·m。也可用水平线表示相除。

词头的符号与单位符号之间不得留空隙，也不加相乘的符号。口述单位符号时应使用单位名称而非字母名称。

10.2 法定计量单位

法定计量单位和词头的名称，一般适宜在口述和叙述性文字中使用。而符号可用于一切需要简单明了表示单位的地方,也可用于叙述性文字之中。

单位的名称与符号必须作为一个整体使用,不得拆开。例如:摄氏度的单位符号为℃,20℃不得读成或写成"摄氏20度"或"20度",而应读成"20摄氏度",写成"20℃"。

用词头构成倍数单位时,不得使用重叠词头。例如:不得使用毫微米、微微法拉等。

选用SI单位的倍数单位,一般应使量的数值处于0.1～1000的范围内。例如:1.2×10^4N可以写成12kN;1401Pa可以写成1.401kPa。

10.3 法定计量单位与习惯用非法定计量单位的换算

法定计量单位与习惯用非法定计量的换算见表10-1。

法定计量单位与习惯用非法定计量单位换算表　　　表10-1

量的名称	习惯用非法定计量单位		法定计量单位		单位换算关系
	名称	符号	名称	符号	
力	千克力	kgf	牛顿	N	1kgf=9.80665N≈10N
	吨力	tf	千牛顿	kN	1tf=9.80665kN≈10kN
线分布力	千克力每米	kgf/m	牛顿每米	N/m	1kgf/m=9.80665N/m≈10N/m
	吨力每米	tf/m	千牛顿每米	kN/m	1tf/m=9.80665kN/m≈10kN/m
面分布力、压强	千克力每平方米	kgf/m^2	牛顿每平方米(帕斯卡)	N/m^2(Pa)	1kgf/m^2≈10N/m^2(Pa)
	吨力每平方米	tf/m^2	千牛顿每平方米(帕斯卡)	kN/m^2(kPa)	1tf/m^2≈10kN/m^2(Pa)
	标准大气压	atm	兆帕斯卡	MPa	1atm=0.101325MPa≈0.1MPa
	工程大气压	at	兆帕斯卡	MPa	1at=0.0980665MPa≈0.1MPa
	毫米水柱	mmH$_2$O	帕斯卡	Pa	1mmH$_2$O=9.80665Pa≈10Pa(按水的密度为1g/cm^{3}计)
	毫米汞柱	mmHg	帕斯卡	Pa	1mmHg=133.322Pa
	巴	bar	帕斯卡	Pa	1bar=10^{5}Pa
体分布力	千克力每立方米	kgf/m^3	牛顿每立方米	N/m^3	1kgf/m^3=9.80665N/m^3≈10N/m^3
	吨力每立方米	tf/m^3	千牛顿每立方米	kN/m^3	1tf/m^3=9.80665kN/m^3≈10kN/m^3
力矩、弯矩、扭矩、力偶矩、转矩	千克力米	Kgf·m	牛顿米	N·m	1kgf·m=9.80665N·m≈10N·m
	吨力米	tf·m	千牛顿米	kN·m	1tf·m=9.80665kN·m≈10kN·m
双弯矩	千克力平方米	kgf·m^2	牛顿平方米	N·m^2	1kgf·m^2=9.80665N·m^2≈10N·m^2
	吨力平方米	tf·m^2	千牛顿平方米	kN·m^2	1tf·m^2=9.80665kN·m^2≈10kN·m^2
应力、材料强度	千克力每平方毫米	kgf/mm^2	兆帕斯卡	MPa	1kgf/mm^2=9.80665MPa≈10MPa
	千克力每平方厘米	kgf/cm^2	兆帕斯卡	MPa	1kgf/cm^2=0.0980665MPa≈0.1MPa
	吨力每平方米	tf/m^2	千帕斯卡	kPa	1tf/m^2=9.80665kPa≈10kPa

续表

量的名称	习惯用非法定计量单位		法定计量单位		单位换算关系
	名称	符号	名称	符号	
弹性模量、简便模量、压缩模量	千克力每平方厘米	kgf/cm²	兆帕斯卡	MPa	1kgf/cm²=0.0980665MPa≈0.1MPa
压缩系数	平方厘米每千克力	cm²/kgf	每兆帕斯卡	MPa⁻¹	1cm²/kgf=(1/0.0980665)MPa⁻¹
地基抗力刚度系数	吨力每立方米	tf/m³	千牛顿每立方米	kN/m³	1tf/m³=9.80665kN/m³≈10kN/m³
地基抗力比例系数	吨力每四次方米	tf/m⁴	千牛顿每四次方米	kN/m⁴	1tf/m⁴=9.80665kN/m⁴≈10kN/m⁴
功、能、热量	千克力米	kgf·m	焦耳	J	1kgf·m=9.80665J≈10J
	吨力米	tf·m	千焦耳	kJ	1tf·m=9.80665kJ≈10kJ
	立方厘米标准大气压	cm³·atm	焦耳	J	1cm³·atm=0.101325J≈0.1J
	升标准大气压	L·atm	焦耳	J	1L·atm=101.325J≈100J
	升工程大气压	L·at	焦耳	J	1L·at=98.0665J≈100J
	国际蒸汽表卡	cal	焦耳	J	1cal=4.1868J
	热化学卡	cal_{th}	焦耳	J	$1cal_{th}$=4.184J
	15℃卡	Cal_{15}	焦耳	J	$1cal_{15}$=4.1855J
功率	千克力米每秒	kgf·m/s	瓦特	W	1kgf·m/s=9.80665W≈10W
	国际蒸汽表卡每秒	cal/s	瓦特	W	1cal=4.1868W
	千卡每小时	kcal/h	瓦特	W	1kcal/h=1.163W
	热化学卡每秒	cal_{th}/s	瓦特	W	$1cal_{th}$/s=4.184W
	升标准大气压每秒	L·atm/s	瓦特	W	1L·atm/s=101.325W≈100W
	升工程大气压每秒	L·at/s	瓦特	W	1L·at/s=98.0665W≈100W
	米制马力		瓦特	W	1米制马力=735.499W
	电工马力		瓦特	W	1电工马力=746W
	锅炉马力		瓦特	W	1锅炉马力=9809.5W
动力黏度	千克力秒每平方米	kgf·s/m²	帕斯卡秒	Pa·s	1kgf·s/m²=9.80665Pa·s≈10Pa·s
	泊	P	帕斯卡秒	Pa·s	1P=0.1Pa·s
运动黏度	斯克托斯	St	平方米每秒	m²/s	1St=10⁻⁴m²/S
发热量	千卡每立方米	kcal/m³	千焦耳每立方米	kJ/m³	1kcal/m³=4.1868kJ/m³
	热化学千卡每立方米	$Kcal_{th}$/m³	千焦耳每立方米	kJ/m³	$1Kcal_{th}$/m³=4.184kJ/m³
汽化热	千卡每千克	kcal/kg	千焦耳每千克	kJ/kg	1kcal/kg=4.1868kJ/kg

续表

量的名称	习惯用非法定计量单位		法定计量单位		单位换算关系
	名称	符号	名称	符号	
热负荷	千卡每小时	kcal/h	瓦特	W	1kcal/h=1.163W
热强度、溶剂热负荷	千卡每立方米每小时	kcal/(m³·h)	瓦特每立方米	W/m³	1kcal/(m³·h)=1.163W/m³
热流密度	卡每平方厘米秒	cal/(m²·s)	瓦特每平方米	W/m²	1cal/(m²·s)=41868W/m²
	卡每平方米小时	kcal/(m²·h)	瓦特每平方米	W/m²	1kcal/(m²·h)=1.163W/m²
比热容	千卡每千克摄氏度	kcal/(kg·℃)	千焦耳每千克开尔文	kJ/(kg·K)	1kcal/(kg·℃)=4.1868kJ/(kg·K)
	热化学千卡每千克摄氏度	Kcal$_{th}$/(kg·℃)	千焦耳每千克开尔文	kJ/(kg·K)	1kcal$_{th}$/(kg·℃)=4.184kJ/(kg·K)
体积热容	千卡每立方米摄氏度	kcal/(m³·℃)	千焦耳每立方米开尔文	kJ/(m³·K)	1kcal/(m³·℃)=4.1868kJ/(m³·K)
	热化学千卡每立方米摄氏度	kcal$_{th}$/(m³·℃)	千焦耳每立方米开尔文	kJ/(m³·K)	1kcal$_{th}$/(m³·℃)=4.184kJ/(m³·K)
传热系数	卡每平方厘米秒摄氏度	cal/(cm²·s·℃)	千焦耳每平方米开尔文	W/(m²·K)	1cal/(cm²·s·℃)=41868W/(m²·K)
	千卡每平方米小时摄氏度	kcal/(m²·h·℃)	千焦耳每平方米开尔文	W/(m²·K)	1kcal/(m²·h·℃)=1.163W/(m²·K)
导热系数	卡每厘米秒摄氏度	kcal/(cm·s·℃)	千焦耳每米开尔文	W/(m·K)	1kcal/(cm·s·℃)=418.68W/(m·K)
	千卡每米小时摄氏度	kcal/(m·h·℃)	千焦耳每米开尔文	W/(m·K)	1kcal/(m·h·℃)=1.163W/(m·K)
热阻率	厘米秒摄氏度每卡	cm·s·℃/cal	米开尔文每瓦特	m·K/W	1cm·s·℃/cal=(1/418.68)m·K/W
	米小时摄氏度每千卡	m·h·℃/kcal	米开尔文每瓦特	m·K/W	1m·h·℃/kcal=(1/1.163)m·K/W
光照度	辐透	ph	勒克斯	lx	1ph=10⁴lx
光亮度	熙提	sb	坎德拉每平方米	cd/m²	1sb=10⁴cd/m²
	亚熙提	asb	坎德拉每平方米	cd/m²	1asb=(1/π)cd/m²
	朗伯	la	坎德拉每平方米	cd/m²	1la=(10⁴/π)cd/m²

10.4 常用计算公式

在工程建设施工中经常会碰到一些简单的计算,主要有面积、体积、型钢的截面和重量,为了方便材料员的运算,现提出以下常用的计算公式,以供参考。

1. 常用面积计算公式（见表10-2）

常用面积计算公式　　　　　　　　表 10-2

序号	名称	简图	计算公式
1	正方形		$A=a^2; a=0.7071d=\sqrt{A};$ $d=1.4142a=1.4142\sqrt{A}$
2	长方形		$A=ab=a\sqrt{d^2-a^2}=b\sqrt{d^2-b^2};$ $d=\sqrt{a^2+b^2}; a=\sqrt{d^2-b^2}=\dfrac{A}{b};$ $b=\sqrt{d^2-a^2}=\dfrac{A}{a}$
3	平行四边形		$A=bh; h=\dfrac{A}{b}; b=\dfrac{A}{h}$
4	三角形		$A=\dfrac{bh}{2}=\dfrac{b}{2}\sqrt{a^2-\left(\dfrac{a^2+b^2+c^2}{2b}\right)};$ $P=\dfrac{1}{2}(a+b+c);$ $A=\sqrt{P(P-a)(P-b)(P-c)}$
5	梯形		$A=\dfrac{(a+b)h}{2}; h=\dfrac{2A}{a+b};$ $a=\dfrac{2A}{h}-b; b=\dfrac{2A}{h}-a$
6	正六边形		$A=\dfrac{(a+b)h}{2}; h=\dfrac{2A}{a+b};$ $a=\dfrac{2A}{h}-b; b=\dfrac{2A}{h}-a$
7	圆		$A=2.5981a^2=2.9581R^2=3.4641r^2$ $R=a=1.1547r;$ $R=0.86603a=0.86603R$

续表

序号	名称	简图	计算公式
8	椭圆		$A=\pi ab=3.1416ab$； 周长的近似值： $2p=\pi\sqrt{2(a^2+b^2)}$ 比较精确的值： $2p=\pi[1.5(a+b)-\sqrt{ab}]$
9	扇形		$A=\dfrac{1}{2}rl=0.0087266\alpha r^2$； $l=2A/r=0.017453\alpha r$； $r=2A/l=57.296l/\alpha$； $\alpha=\dfrac{180l}{\pi r}=\dfrac{57.296l}{r}$
10	弓形		$A=\dfrac{1}{2}[rl-c(r-h)]$；$r=\dfrac{c^2+4h^2}{8h}$； $l=0.017453\alpha r$；$c=2\sqrt{h(2r-h)}$； $h=r-\dfrac{\sqrt{4r^2-c^2}}{2}$；$\alpha=\dfrac{57.296l}{r}$
11	环式圆形		$A=\pi(R^2-r^2)=3.1416(R^2-r^2)$ $=0.7854(D^2-d^2)=3.1416(D-S)S$ $=3.1416(d+S)S$； $S=R-r=(D-d)/2$
12	环式扇形		$A=\dfrac{\alpha\pi}{360}(R^2-r^2)$ $=0.008727\alpha(R^2-r^2)$ $=\dfrac{\alpha\pi}{4\times 360}(D^2-d^2)$ $=0.002182\alpha(D^2-d^2)$

2. 常用体积和表面积计算公式见表 10-3。

常用体积和表面积计算公式 表 10-3

序号	名称	简图	计算公式	
			表面积 S、侧表面积 M	体积 V
1	正立方体		$S=6a^2$	$V=a^3$

续表

序号	名称	简图	计算公式 表面积 S、侧表面积 M	计算公式 体积 V
2	长立方体		$S=2(ah+bh+ab)$	$V=abh$
3	圆柱		$M=2\pi rh=\pi dh$	$V=\pi r^2 h=\dfrac{\pi d^2 h}{4}$
4	空心圆柱(管)		$M=$内侧表面积+外侧表面积$=2\pi h(r+r_1)$	$V=\pi h(r^2-r_1^2)$
5	斜体截圆柱		$M=\pi r(h+h_1)$	$V=\dfrac{\pi r^2(h+h_1)}{2}$
6	正六角柱		$S=5.1962a^2+6ah$	$V=2.5981a^2 h$

续表

序号	名称	简图	计算公式	
			表面积 S、侧表面积 M	体积 V
7	正方角锥台		$S=a^2+b^2+2(a+b)h_1$	$V=\dfrac{(a^2+b^2+ab)h}{3}$
8	球		$S=4\pi r^2=\pi d^2$	$V=\dfrac{4\pi r^3}{3}=\dfrac{\pi d^3}{3}$
9	圆锥		$M=\pi rl=\pi r\sqrt{r^2+h^2}$	$V=\dfrac{\pi r^2 h}{3}$
10	接头圆锥		$M=\pi l(r+r_1)$	$V=\dfrac{\pi h(r^2+r_1^2+r_1 r)}{3}$

10.5 常用型材理论质量计算公式

10.5.1 基本公式

m(质量,kg)＝F(截面积,mm²)×L(长度,m)×ρ(密度,g/cm³)×1/1000 型材制造中有允许偏差值，上式仅作估算之用。

10.5.2 钢材截面积的计算公式

计算公式见（表10-4）。

钢材截面积的计算公式　　表10-4

序号	钢材类别	计算公式	代号说明
1	方钢	$F=a^2$	a—边宽
2	圆角方钢	$F=a^2-0.8584r^2$	a—边宽；r—圆角半径
3	钢板、扁钢、带钢	$F=a\delta$	a—宽度；—厚度
4	圆角扁钢	$F=a\delta-0.8584r^2$	a—宽度；—厚度；r—圆角半径
5	圆钢、圆盘条、钢丝	$F=0.7854d^2$	d—外径
6	六角钢	$F=0.86a^2=2.598s^2$	a—对边距离；s—边宽
7	八角钢	$F=0.8284a^2=4.8284s^2$	
8	钢管	$F=3.1416\delta(D-\delta)$	D—外径；—壁厚
9	等边角钢	$F=d(2b-d)+0.2146(r^2-2r_1^2)$	d—边厚；b—边宽；r—内面圆角半径；r_1—端边圆角半径
10	不等边角钢	$F=d(B+b-d)+0.2146(r^2-2r_1^2)$	d—边厚；B—长边宽；b—短边宽；r—内面圆角半径；r_1—端边圆角半径
11	工字钢	$F=hd+2t(b-d)+0.8584(r^2-2r^2)$	h—高度；b—腿宽；d—腰高；t—平均腿厚；r—内面圆角半径；r_1—端边圆角半径
12	槽钢	$F=hd+2t(b-d)+0.4292(r^2-2r_1^2)$	

10.6 金属结构制作与安装

10.6.1 金属结构制作与安装的一般规定

（1）金属结构构件是按铆接、焊接综合考虑的。
（2）钢门自加工的五金以自加工考虑，实际购买价差可以调整。
（3）定额中已包括刷红丹酚醛防锈漆的工料。

10.6.2 计算规则

金属结构包括各种金属构件和金属栏杆，其制作安装工程量的计算规则是，按理论质量以吨计算，不扣除孔眼、切边和切肢的质量，也不另计焊条、铆钉和螺栓等的质量。计算不规则或多边形钢板质量时均以其最大对角线乘最大宽度的矩形面积计算，见图10-1。

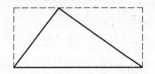 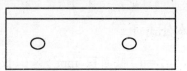

图 10-1　钢板、型钢的面积计算

(1) 钢门窗。成品按门窗洞口面积以平方米计；弧形或异形按门窗的展开面积计算。
(2) 防盗栅、金属栅栏按展开面积计算。
(3) 栏杆、扶手包括弯头长度按延长米计算。
(4) 钢柱梁、钢柱、钢屋架、钢托架、钢支撑、防风桁架、天窗架、操作台和箅式台、各类扶梯按吨计算。

10.7 金属构件运输

10.7.1 运输说明

(1) 构件运输定额中已考虑了一般运输支架的摊销费，不另计算。
(2) 运输只适合自加工钢门和金属结构件，商品钢门窗运输费按当地材料预算价格有关规定执行。

10.7.2 金属构件的分类

见表10-5。

构件运输分类表　　　　　　　　　　　　　　　表10-5

构件类别	构件名称
Ⅰ类	各类屋架、柱、山墙防风架、钢丝架
Ⅱ类	支架、吊车梁、制动梁
Ⅲ类	墙架、天窗架、天窗挡风架拉杆、平台、自加工钢门窗、檩条、各种支撑、大门钢骨架、其他零星构件

10.7.3 金属构件运输工程量的计算

金属构件运输工程量根据构件类别、运距，以工程量单位计价。

10.8 计量工作的重要性

计量是实现单位统一、量值准确可靠的测量活动，是现代化建设中一项不可缺少的技术基础，计量检测工作是企业管理现代化和提高企业素质最基本的条件。

近年来，国外经济发达国家把优质的原材料、先进的工艺装备和现代化的计量检测手段视为现代化生产的三大支柱。其实，优质原材料的制取与筛选、先进工艺装备的配备与流程的监控也都离不开计量检测。国外先进生产线的产品品质高，残、次品很少或几乎没有，其中重要的因素就是充分利用了在线测量与监控技术，以现代化的计量检测手段作为其技术保证。

建立完备的计量检测体系，是企业加强科学管理，加快技术进步的重要保证。没有先进、科学的计量检测手段，就不可能生产出高质量的产品。企业计量工作贯穿企业生产经营活动的全过程，为新产品开发、原材料检验、生产工艺监控、产品质量检验、物料能源消耗、安全生产、环境监测、成本核算等提供准确可靠的计量数据。企业的计量技术素质和先进的计量检测设备是保证计量数据准确可靠的基础。

加强计量管理，有利于提高产品质量，提高企业经济效益。对企业计量工作的漠视，已经成为影响我国中小企业提高产品质量和产品科技含量的一个重要因素。

计量检测工作是整个工业企业素质和管理现代化最基本的条件，更是企业生存和发展的基础。充分发挥计量检测工作在提高质量、降低消耗、增进效益、保证安全生产等方面的作用，可为提高产品质量的总体水平提供可靠的保证。

10.9 项目经理部的计量管理工作

项目经理部的计量工作是三位一体管理体系的一个重要组成部分，必须予以高度重视。要将直接用于施工和间接为施工服务的检验、测量和试验设备置于有效的管理和控制之下，通过对施工工艺、质量、安全、环保、能源、经营各环节计量检测数据的管理，为安全生产、保证工程质量和提高经济效益提供可靠的依据和保障。

为使项目的计量工作沿着标准化、规范化、科学化的轨道发展，应按以下要求进行：

（1）设置项目计量管理机构，由项目总工程师直接领导计量工作，在试验室设置项目专职计量员，另在各职能班组设置兼职人员配合项目计量员工作，具体工作落实到人，职责明确，形成完整的项目计量管理体系。

（2）制定项目的计量管理制度。明确计量管理体系各岗位人员的工作职责要求，规定计量器具的管理、使用、检定、维护和保管办法，使计量工作做到有章可循，为规范项目的计量工作奠定良好的基础。

（3）对项目计量人员进行岗位培训，取得资格证后再安排上岗。为保证项目计量工作的连续性和稳定性，中途不得更换计量员。同时，在项目内开展计量技术的培训和学习，贯彻落实计量法律法规及管理制度，提高计量人员的法制意识和业务水平。

（4）加强计量器具的管理工作，特别要抓好强制检定计量器具的管理，确保其受检率达到100%。严格执行计量器具流转制度，使计量器具从申购计划、入库检验、登记、立卡、周期检定到降级、停用直至报废等各个环节均处于受控状态，同时对所有在用计量器具的台账和周检计划实行微机管理，以提高工作效率，保证施工安全和避免计量检测错误。

（5）严格控制对外协、分包、联合体队伍的计量器具管理，并建立相应的管理制度。

10.10 项目总工程师的计量管理工作职责

（1）领导项目各部门贯彻实施国家计量法律、法规，严格执行企业的计量管理制度，积极推行使用国家法定计量单位。

（2）根据业主和生产经营的需要，审核计量器具购置计划。

（3）审批项目年度计量器具送检计划，保证所有在用计量器具均能按周期进行检定。

（4）根据施工生产和经营管理的需要，建立相应的项目计量工作制度，包括：

1）计量器具流转制度；

    2）计量器具使用、保管、维修制度；
    3）计量器具校准、溯源制度；
    4）专（兼）职计量员岗位责任制度；
    5）计量资料（包括账、卡、历史记录等）使用与保管制度。
  （5）指导计量人员的培训取证。

10.11 项目计量检测设备的管理

（1）项目计量检测设备管理，包括计量检测设备配备计划、采购、校准、标识、维护保养、封存、启封及报废。

（2）项目经理部应根据公司的要求和实际需要，编制计量检测设备购置计划，应保证所选择的计量设备的计量性能能满足预期使用的要求，为施工、经营或服务提供计量保证，主要环节如下：

  1）公司计量管理机构对项目部提出的申请采购计量器具计划进行评审，审查其测量范围、准确度、功能等是否满足测量参数的需要，防止错购、重复购置，避免经济损失。

  2）入库检验。新购置的计量检测设备，必须经过首次检定校验，合格后办理入库手续，不合格应进行退货处理。

  3）建账登记发放。使用部门领取计量器具时，要经计量部门对每件计量器具进行建账登记、编号、贴上标识、确定检定（校准）周期后发放。

（3）计量检测设备的周期检定（校准）。

所有计量检测设备，均应按国家和上级确定的周期送法定单位进行检定校准，并应在检定校准之前准备好替代的计量检测设备，以保证现场工作的连续进行，A、B、C类计量器具的划分及管理要求如下：

A类：

1）国家计量法律、法规规定的强制检定的计量器具：

① 最高计量标准器具。最高计量标准器具是指准确度高于计量基准（统一全国量值最高依据的计量器具），用于检定其他计量器具或工作计量器具的计量器具。包括社会公用计量标准器具、部门计量标准器具和企事业单位计量标准器具。企业按《计量标准考核办法》考核合格的计量标准器具就是企业的最高计量标准器具。

② 用于贸易结算、安全防护、医疗卫生、环境监测四个方面并列入强制检定目录的工作计量器具，如压力表、瓦斯计、粉尘测量仪等。

此类计量器具属于强制检定的计量检测设备，必须按规定的周期送往项目所在地区技术监督局进行强制检定。所在地区技术监督局不能承担的强检项目，应报所在省、市技术监督局协调落实。

2）生产、经营活动中关键测量过程使用的计量器具：

① 生产工艺过程中关键参数检测用计量器具，如张拉千斤顶压力表、全站仪、水准仪等。

② 进、出的能源计量器具，如电度表、油量表等。

③ 进、出的物料计量器具，如混凝土及沥青拌合站的称重计量器具。

此类计量器具在管理上的要求是根据使用部位的不同需求，确定合理的检定周期（原则上不超过检定规程规定的检定周期），按时进行检定。

B类：

用于内部经营核算，进行工艺控制、质量检测等生产、经营活动中非关键测量过程使用的对量值有一定准确度要求的计量检测设备，如万能材料试验机、混凝土压力机、台秤、架盘天平、游标卡尺等。

此类计量器具属于非强制检定的计量检测设备，可根据就近、就地，方便生产、方便管理的原则自主送国家法定计量检定机构和经批准授权的计量检定机构检定。

C类：

生产、经营活动中对测量准确度要求不高的性能稳定、结构简单、低值易耗的一般计量器具，包括生产设备和装置上固定安装不易拆卸的计量器具，以及国家规定标有CCV标志（全国统一的首次强检标志）的计量器具。如电流表、电压表、时间继电器、盒尺、水平尺、量杯等。

此类计量器具属于进行外观检查和比对校验的计量检测设备，应按主管部门制定的校验规程，由专（兼）职计量员进行校验，并保存校验的记录。

（4）计量检测设备的日常管理：

1）计量职能部门必须保存计量检测设备的目录和校准资料。资料应包括计量检测设备的类别、型号、购置日期和厂家、编号、精度以及校准周期台账和计量检测设备的抽检记录等。

2）凡校准合格的计量检测设备应粘贴彩色标识，以证明该计量检测设备的状态处于允许的精度之中，并在该标识上注明下次检定校准的日期。

3）使用部门必须按计量检测设备技术文件的要求进行使用、维护和保养，严禁私自拆修。精密、大型、贵重检测设备，必须指定专人保养、维修、使用，严禁无关人员私自动用。

4）使用部门在操作使用过程中发现不合格的计量检测设备，应立即停止使用，隔离存放，做好明显的标识，并上报项目总工程师。不合格的计量检测设备在不合格原因排除后，并经再次校准后才能投入使用，若经检定计量检测设备的精度达不到原等级时，可降级使用，降级使用的计量器具必须经检定部门认可，粘贴"限用证"标志。

5）计量检测设备超过三个月不使用时，应由使用部门提出申请，报公司主管部门审批后予以封存，并按规定做好封存记录。封存的计量检测设备未按规定办理启用手续，不得投入使用。

6）精密、大型、贵重计量检测设备（如全站仪、万能材料试验机等）需要报废时，应经法定检定机构校准出示报废证书后，方可报废。其他计量检测设备需要报废时，应由使用部门提出申请，经公司主管部门批准后方可报废。报废的计量检测应由公司主管部门统一提出处理意见，严禁流入施工生产中使用。报废的计量检测设备应做好记录，项目计量职能部门应及时销账。

（5）计量数据检测的管理：

1）项目部应按施工质量验收规范、施工技术规范、规程和业主的有关规定做好工程质量、安全、环保、能源、物资等计量检测工作，保管好计量检测数据和原始记录。

2）计量检测数据包括工艺质量、安全、环保、能源、经营管理等。工艺控制、质量检测、物料及能源的计量检测数据的管理均由各项目对口部门自主完成。

① 工艺控制：各种施工记录、钻孔记录、水下混凝土灌注桩记录、钢筋检测记录、模板检测记录、质量检验评定记录等。

② 试验检测：砂、石、水泥、钢筋等原材料试验、颗粒分析、液塑限分析、击实试验、（石灰）钙镁含量分析、混凝土配合比、灰土、二灰土的配合比，沥青的各组试验等。

③ 质量检验：质量检验评定表、混凝土强度试验、沥青稳定度试验、压实度试验、弯沉值试验等。

④ 经营管理：进出场原材料检测、限额领料检测，量方、量尺记录，拌合站开盘记录（包括水的控制），包装水泥抽检记录，外委检验，流量监检记录等。

其中物料的计量验收工作是物资管理的重要基础工作，因此做好地中衡的周期检定工作是加强物料计量验收管理的有效手段，可使项目工程避免物料进场亏损，减少损失。

⑤ 能源管理：各级水、电表抄表记录，煤、油各级检测记录，锅炉房耗煤日记录，食堂、浴室耗煤记录等。

3）在操作使用过程中，当发现计量检测设备处于失准状态时，项目总工程师必须组织对以前的检验、试验结果和计量数据等进行追溯，对其有效性进行评定，采取必要的改正措施。

4）各项计量检测数据，必须真实准确，记录完整，字迹清楚，符合有关规定。

5）各项计量检测数据，应按要求及时报送企业主管和相关主管部门。

6）对计量检测数据，应做好统计分析工作，并根据对计量检测数据的分析，及时采取合理的管理措施，对工程项目的各项工作进行有效的控制。

（6）对外协、分包、联合体队伍的计量器具管理：

1）必须把对外协、分包、联合体队伍的计量管理纳入项目总的管理中，使其计量检测设备和检测工作处于有效控制之中。

2）外协、分包、联合体队伍用于工艺、质量检测的计量检测设备的目录和周期检定台账，应报项目部，以备项目部对分包方的检查监督使用。

3）项目部应按公司对计量检测设备和计量检测的管理规定，定期对外协、分包、联合体队伍的计量工作进行检查，发现问题及时纠正。

4）若发现外协、分包、联合体队伍不按有关规定执行，并造成检测数据不准确的，将由其承担一切责任，并根据具体情况对其处以一定金额的罚款。

11 科技开发工作管理

科技开发项目是指按照科技发展规划所确定的科技发展方向和重点领域，按照规定的程序评审、批准立项的课题项目。

科技开发项目管理是指：对选定的具体课题，通过分级立项，确定目标，组织人员，落实经费，以技术攻关为手段，进行研究并取得成果的全过程。

11.1 科技开发工作的目的和意义

科技开发是将新技术、新工艺、新设想，经过研究开发，应用于工程施工和市场开拓，实现市场价值的一系列活动。

科技开发工作是以工程为依托，市场为导向，以服务于工程项目为目标，以经济效益为核心，着力解决施工生产中的难题。

企业是科技开发的主体。科技开发管理是钢结构工程单位技术进步工作的重要组成部分，也是单位发展战略很重要的环节。

11.2 科技开发工作的管理机构及职责

钢结构企业应设科研开发部，主管企业的科研开发工作。

科研开发部由项目总工程师负责，组织本单位的专业技术人员进行计划开发，对市场及国内外技术信息进行收集、整理，及时调整单位的科研工作，以最快的速度完成市场需求的产品及技术的开发。

(1) 组织项目的申报、实施，监督、检查项目执行情况，对科研人员报送的有关数据材料的真实性负责。

(2) 落实匹配经费，提供科研条件，保证科研人员投入足够的时间进行项目的研究开发。

(3) 按要求汇总、上报项目年度执行情况及相关信息报表，协调并处理项目执行过程中出现的问题。

(4) 提出重点项目的验收申请，组织面上项目、自选项目验收以及各类项目的档案管理和保密管理。

11.3 科技开发项目的立项程序

(1) 由项目总工程师负责提出研发项目的申报。

(2) 项目人员的确定。根据单位和部门的安排，确立研发项目人员结构，配置专门的项目研发管理人员，负责管理本项目研发内容的管理。

(3) 项目形式审查合格。申报单位资质合格，资料完整、齐全、真实，符合申报项目指南的规定要求。

(4) 项目初审合格。项目的必要性、课题组的承担能力、经费预算的合理性符合申报指南的要求。

(5) 项目论证评估。对项目的技术创新性、可行性、风险、效益和市场前景等进行评估,根据项目申报指南确定申报时限。

(6) 项目立项。根据项目的初审意见,立项评估论证意见,项目申报指南的有关要求和年度计划的总体安排,确立立项项目名单。根据年度计划确定项目研究时限。

(7) 签订项目合同书。

11.4 科技开发项目经费管理

(1) 科技开发项目经费主要包括:检测仪器购置费,咨询调研费,试验费,差旅费,加班补助费,外聘人员劳务费,引进硬、软件费,资料印刷费,项目验收鉴定费等。

(2) 科技开发项目经费的筹集一般是由政府拨入、建设方投入以及钢结构企业自行筹集的用于科研项目的专项费用三部分组成。

(3) 科技开发项目经费筹集后,分别由财务部门归口管理,根据合同书的进度费用计划按时拨付。

(4) 科技开发项目经费的管理和使用必须符合国家有关财务规章制度的要求,认真履行审批、报销手续,科学安排、合理配置,突出重点、注重实效,公正透明、符合规定;单独核算,专款专用。

(5) 项目课题组要建立经费使用台账,以便配合财务决算和收集科技开发项目课题预算定额资料。

11.5 科技开发项目的验收及成果鉴定

(1) 验收及鉴定的一般原则。

科技开发项目的验收是指项目的业主依据合同条款,对项目的合同任务完成情况和经费使用进行最终考核评价。

(2) 验收及鉴定的依据。

主要依据是科技开发项目合同。

(3) 科技开发项目成果鉴定程序

1) 凡符合申请条件的科技成果,由科技成果完成单位填写《科学技术成果鉴定申请表》,经其主管部门审查并签署意见后向组织鉴定单位提交申请。

2) 组织鉴定单位接到科技成果鉴定申请后,应及时、认真地进行形式审查和技术性审查,并在三十天内批复审查意见。

3) 同意组织鉴定的,需确定组织鉴定单位和主持鉴定单位。确定组织鉴定单位和主持鉴定单位时可分三种情况:由组织鉴定单位组织和主持鉴定;由组织鉴定单位组织鉴定,委托有关单位主持鉴定;邀请其他有组织鉴定权的单位组织鉴定。

4) 成果鉴定大会上,由项目技术负责人作项目工作总结报告、技术研究报告及经济社会效益分析报告，并提交鉴定委员会查新报告、检测报告、用户使用报告、企业标准等相关技术文件，鉴定委员会提出质疑并由技术人员作答。最后由鉴定委员会给出鉴定意见。科技成果鉴定结束后，由组织鉴定单位按照国家科委制定的格式颁发《鉴定证书》。

11.6　科技开发项目成果的管理

科技成果一般分为：基础理论成果、应用技术成果以及软科学成果三类。

基础理论成果是指认识自然现象、特征和探索自然规律为主要目的的基础研究成果。应用技术成果是直接解决国民经济建设中的科学技术问题的应用研究成果。软科学成果包括科学政策学、科学管理学、科学预测学等方面的成果。

科技成果经过鉴定验收以后，进行成果登记，并享有知识产权。

对享有知识产权的成果，完成单位可进行推广应用以及申报科技报奖。

12　技术创新活动

技术创新是指用创新的知识和新技术、新工艺，经过研究开发，应用于工程施工和市场开拓，占领市场并实现市场价值的一系列活动。技术创新应以工程为依托，市场为导向，以提高施工技术水平和工程质量，增强市场竞争力，创造更高的经济效益为目标。企业是技术创新的主体，技术创新贯穿企业活动的全过程，以获得经济利益为目标的一系列活动。

12.1　技术创新的意义

技术创新是经济发展与竞争的重要推动力，是现代经济增长的核心方式，是促进现代生产力发展的决定力量。因此，技术创新能力是一个企业的核心竞争能力，也是企业生存和发展的关键。

在科学技术迅猛发展的时代，企业的技术创新能力直接决定着企业的生命力和竞争力，从而决定着企业的生存与发展。强大的技术创新能力，是企业在本领域内始终保持技术领先地位的先决条件。分析考察国际上的知名品牌，很容易发现它们有一个共同点，那就是它们都有自己的领先技术和拳头产品，并能够把研究开发中取得的技术优势转化为产品优势，再进一步转化为竞争优势，从而保证和提升企业的核心竞争力，在市场竞争中先发制人，赢得主导权。

在认识技术创新重要性的同时，必须了解技术创新离不开制度创新和管理模式的创新，单纯的技术创新成果无法为企业带来效益，更不用说创造社会效益了。要使技术创新始终保持生机与活力，就必须不断增强企业的制度创新能力和管理创新能力。

12.2　技术创新的定义

技术创新是一个经济概念。技术创新具有如下主要特征：

（1）技术创新，是企业应用创新的知识和新技术、新工艺，采用新的生产方式和经营管理模式，提高产品质量，开发生产新的产品，提供新的服务，占领市场并实现市场价值的过程。技术创新是通过技术手段实现经济目的的行为。

技术创新与发明创造不同，发明创造是科技行为，获得的仅仅是科技成果，而技术创新则主要是经济行为，在发明创造的基础上，把科技成果产业化和商业化的过程才是技术创新。

（2）技术创新始于研究开发而终于市场实现。任何技术创新都是从研究开发开始，即使通过技术引进，技术上新意不大，要把它们变成本企业自己能实现的商品，也需要做开发工作。至于一些重大的技术创新，则更需要有研究开发工作来支持，技术创新最后是以市场实现而告终，它将通过营销环节来实现技术创新的价值。

（3）检验技术创新成功的根本标准是市场实现程度而不是技术先进程度。对技术发明与技术创新应加以区别，不能用技术指标来衡量技术创新的成效，技术创新是一种经济行为，它虽然是借助于技术手段来实现的，但其成败和绩效的最终评判指标不是技术指标，而应该是经济指标。

技术创新的成功主要反映在三个方面，一是当前经济效益的增长；二是市场状态的改善；三是创新主体素质的提高。

12.3 技术创新的方式方法

目前，技术创新主要有三种模式，即自主创新模式、模仿创新模式和合作创新模式。

自主创新模式是指创新主体以自身的研究开发为基础，实现科技成果的商品化、产业化和国际化，获取商业利益的创新活动。模仿创新模式是指创新主体通过学习模仿率先创新者的方法，引进、购买或破译率先创新者的核心技术和技术秘密，并以其为基础进行改进的做法。合作创新模式是指企业间或企业与科研机构、高等院校之间联合开展创新的做法。作为劳动密集型的传统土建施工企业，大多采用后两种模式。

1. 开展技术创新的主要方法

（1）采用分级技术课题制，根据企业经营、发展及市场竞争要求确立技术课题，按课题的技术难度、重要性，分级组织实施。

（2）采用产学研结合的方式推动技术创新，即按照企业是创新主体的原则，由企业根据市场的需要和应用要求，提出需要研发的问题，再组织有关科研院所、高校联合攻关，在技术上实现应用需求，实现技术向经济效益的转换。此种方式在我国许多企业的大型高难度工程施工中得到广泛应用。

（3）以企业原有的科研院（所）为基础组建企业技术中心。依托重大科研和建设项目、重点学科和科研基地以及国际学术交流与合作项目，开展技术创新活动。

2. 企业科技研发的种类企业进行的科技研发活动有基础研究、应用研究和试验发展几种。

（1）基础研究：指为获得关于现象和可观察事实的基本原理及新知识而进行的实验性和理论性工作，它不以任何专门或特定的应用或使用为目的。

（2）应用研究：指为获得新知识而进行的创造性的研究，它主要是针对某一特定的实际目的或目标。

（3）试验发展：指利用从基础研究、应用研究和实际经验所获得的现有知识，为产生新的产品、材料和装置，建立新的工艺、系统和服务，以及对已产生和建立的上述各项做实质性的改进而进行的系统性工作。

基础研究和应用研究主要是扩大科学技术知识，而试验发展则是开辟新的应用，即为获得新材料、新产品、新工艺、新系统、新服务以及对已有上述各项作实质性的改进。

项目经理部开展技术创新主要是以工程为对象，针对影响工程质量、安全、工期和经济效益的关键工序及经营环节，制订本项目的科技攻关和"四新"应用计划，开展群众性合理化建议和技术革新活动。

12.4 钢结构施工领域技术创新发展趋势

钢结构建筑被称为21世纪的绿色工程，具有自重轻、安装容易、施工周期短、抗震性能好、投资回收快、环境污染少、建筑造型美观等综合优势。随着我国钢铁工业的发展，国家建筑技术政策由以往限制使用钢结构转变为积极合理推广应用钢结构，从而推动了建筑钢结构的快速发展。尤其是轻型钢结构具有用钢量小，自重轻，工业化生产程度高，建造速度快，造价低，外表美观等优点，从20世纪90年代由国外引进以来，受到用户的普遍欢迎，这种结构特别适于无吊车或小吨位吊车的中小跨度单层厂房及仓库。

随着钢结构施工领域技术的发展，各种新技术的融入使得钢结构工程施工领域技术也在不断地创新。在高层建筑、大型工厂、大跨度空间结构、交通能源工程、住宅建筑中越来越发挥其自身优势。

1. 发展低合金高强度钢材和型钢品种

利用高强度钢材，可以用较少材料做成功率较高的结构，对跨度和荷载较大的结构及高耸结构极为有利；我国钢结构规范推荐的钢材有Q235钢、Q345钢、Q390钢、Q420钢（牌号的数字为钢材屈服强度，N/mm^2）。第一种钢材是碳素结构钢，后三种是低合金高强度结构钢，根据工程经验可知，采用低合金高强度钢材比采用Q235钢可节约用钢量15%～25%。

在连接方面，配合高强度钢材的应用，钢结构设计规范也推荐了与上述四种钢材相匹配的焊条。另外，用35号钢、45号钢经热处理后制成8.8级高强度螺栓和20MnTiB钢制成10.9级高强度螺栓已经在工程中广泛使用。

我国钢结构常用的型钢截面有普通工字钢、槽钢和角钢，这些型钢的截面形式和尺寸不完全合理。近年开发的型钢截面还有H型钢和T型钢，可直接用作梁、柱或屋架杆件，使制造简便，工期缩短，已列入我国钢结构设计规范。

压型钢板也是一种新材料，它由薄钢板（0.5～1mm）模压而成。由于其重量轻（自重仅$0.10kN/m^2$），且具有一定的抗弯能力，作为外墙板和屋面板在轻型厂房中广泛使用。另外，压型钢板在组合楼板中可兼作施工模板使用，大大缩短施工周期。

2. 结构和构件设计计算方法的深入研究

现行国家标准《钢结构设计规范》（GB 50017）采用以概率理论为基础的极限状态设计方法，以考虑分布类型的二阶矩阵概率法计算结构可靠度，并以分项系数的设计表达式进行计算。该方法的进步之处在于不用经验的安全系数，用根据各种不定性分析所得的失效概率去度量结构可靠性，并使所计算的结构构件的可靠度达到预期的一致性和可比性。但它仍为近似概率设计法，尚需继续深入研究。

3. 结构形式的革新

平板网架结构、网壳结构、薄壁型钢结构、悬索结构、预应力钢结构等均为新结构。而钢与混凝土组合结构的研究和应用，也可看做结构的革新。这些新技术、新结构的应用，在减轻结构自重、节约钢材方面有很大作用，为大跨度结构、高层、超高层结构的发展奠定了基础。

12.5 钢结构施工领域技术创新的重点与难点

（1）对钢结构产业是符合节能环保和可持续发展型的行业的认识还有待于提高。

（2）设计理念不能适应市场需要。如目前超高层和有特殊要求的建筑大都由国外建筑师设计的方案中标，虽然他们的设计理念确有独特之处，但连接节点却过于复杂，不仅耗材，而且也为制作和安装带来了诸多难题，使工程成本过大。

（3）部分地区钢结构企业盲目上马，一哄而起，造成产能过剩，浪费大量资源。加之钢材涨价，市场无序竞争，竞相压价造成加工和安装企业亏损。

（4）钢结构科研开发资金不足，标准及规范修订周期太长；标准及应用规范、规程缺项、滞后；钢材标准与工程设计、施工规范规程衔接不上。

（5）钢结构加工厂和施工安装企业的装备、计算机管理水平、劳动生产率还需进一步改进和提高。

（6）钢结构专业技术人员缺乏，尤其在中小企业更缺少。企业产品质量和管理工作不能适应市场的需要。

13 技术培训与交流工作

13.1 技术培训工作

技术培训即岗位培训,是企业有计划、有组织进行的专门培训,目的是使职工掌握或提高在生产工作中所需要的技术业务知识(应知)和实际操作能力(应会)。其特点是学用结合、按需施教,干什么学什么,缺什么补什么,以取得岗位任职能力,更好地胜任本职工作。

技术培训有助于提高职工素质和职工的工作技能,促进企业的发展和技术进步,提高企业的质量水平和经济效益。市场竞争是人才的竞争,而人才的竞争一方面是企业能否得到优秀人才,另一方面则是企业能否用好现有的人才,能否最大限度地培训开发企业现有的人力资源,挖掘出企业潜在的人力资源。从某种程度上讲,企业的竞争是人才的竞争,人才的竞争关键是培训的竞争。

1. 技术培训的种类

(1) 合格培训。使职工掌握必要的职业基础技术和基本工作方法,国外称为"养成训练"。

(2) 提高培训。提高已受过合格培训的职工的技术水平和工作能力,国外称为"向上训练"。

(3) 再开发培训。使职工适应新的岗位或成为技术多面手,再开发职工的新职业技能。

2. 技术培训的方法与技巧

(1) 演示。

演示的方法更能形象的表达所培训的内容。演示具有分节动作、重复多次的特点,针对职工进行实际操作的演示,通过分节、重复操作,加强职工的记忆,保证演示的细节都能让职工看到。演示可以采取互动的方式,重复演示可由职工来完成,既能纠正个别职工的错误操作,也加强了所有培训人员的记忆。

(2) 讲解。

讲解是培训中最基本的表达方式。

讲解是必不可少的,但要控制讲解的内容和时间的长短,保证培训的效果。有效的培训讲解少,培训人员互动多。讲解多的情况下,很难保证人们对于讲解内容有效的理解和记忆,泛泛的讲解,也使培训显得很乏味。

(3) 小组讨论。

小组讨论属于培训中集体互动的一种方式。

小组讨论能启发每位职工的思维,使大家积极参与到培训的课题中来。一般采取设定一个讨论的题目,安排受培训的职工进行分组讨论,限定时间,各小组选派代表发表小组讨论的观点和建议,最后进行分析和总结,得出最终的结论。

(4) 提问。

提问采取主动应答和指定提问的方式。

培训者根据培训的课题，设计几个问题进行提问，可以采取职工自主应答的方式，如果自主应答没有响应，就要采取指定提问的方式，随机指定某个人进行回答。

提问也是培训者就某个观点不能确定时所采取的最好方式，通过提问的方式，既拓展了培训者的思路，也启发了员工的思维，最终得出合理的结论。

（5）录像。

录像的方式主要用于培训职工的操作行为。

有两种观看录像的情况，一种是观看先进技术或标准工作方法的录像，学习别人的成功经验。另一种是观看职工实习过程的录像，回看自己差强人意的地方，及时发现和纠正不正确的行为，通过现场回放，按步指导，也使全体人员受益。

（6）案例学习。

如果参与培训的职工理论和实际水平较高，利用案例学习的效果就比较理想，如MBA教学的主要授课方式就是案例学习。通过对现实案例的分析、总结，提出个人的见解，开拓大家的思维，汇总全体成员的观点，更利于大家站在理论的高度来看问题。

案例学习可以采用小组讨论或提问的方式进行。

总之，有效的培训要将以上内容进行灵活的运用，使整个培训既不枯燥，又使大家易于接受。灵活组合各种培训手段，既丰富了培训的方式，也使整个培训过程显得生动活泼，充满趣味性，职工的参与热情高，培训的效果就好。

3. 技术培训的方式

（1）以不影响项目施工为前提来开展培训工作。根据施工现场人员工作忙、时间紧的特点，采用比较灵活的方式组织开展技术培训、学习。

（2）与项目的施工计划安排相结合。对工程技术人员，可把培训内容和工程进度作统一安排，保证定期培训、合理安排学习时间，以分散学习和自学为主，适当安排一定数量的专题辅导讲座和专题交流研讨会。对因工作未能参加辅导的，可事后采用录音录像等补课。对操作工人，可利用工余时间组织培训、学习。

（3）为提高业务技术能力而选定的专题或技术讲座，可邀请企业内外有关专家作专题报告，学习先进施工技术，了解本行业最新技术发展动态。

（4）结合施工需要组织培训学习，包括熟悉图纸，学习施工规范、规程、工法、标准、上级颁发的技术文件等，并结合施工组织设计与施工方案的贯彻和学习，加强施工质量意识，提高职工的技术水平。

（5）根据工程实际需要，定期不定期地对试验和测量人员进行技术和岗位技能培训。

（6）利用有效的培训机制，将培训与技术交底相结合，与工程实际相结合，培训中进行现场分析讲解，对可能发生的质量、安全问题做深入剖析，培训后进行讨论总结，做到举一反三。

（7）对职工的培训学习建立必要的考核和奖励制度，以鼓励大家努力学习技术，精通业务。

13.2 技术交流工作

技术交流就是在企业内部之间或与外部单位的技术横向联系，包括技术培训学习与技术合作。

项目经理部可采取多种形式开展技术交流活动,如技术工作会议、技术讲座、专题技术讨论会、参观施工现场等,使技术交流活动内容丰富广泛、形式灵活多样,以达到解决工程施工关键技术问题,推进项目的技术进步,提高工程质量的目的。

1. 项目开展技术交流活动的形式

(1) 以会议的形式总结交流技术经验,如技术交流会,技术讨论会,工作经验交流会,工作汇报会和施工现场会等。

(2) 参观或考察。参观有特色的施工现场,特别是特殊工程和大型项目的施工现场。

(3) 依托工程项目,就某项先进技术与大专院校、科研单位或有关企业合作研究开发。

(4) 参加上级机关和外单位组织的技术讲座,施工图片展览,技术论文交流及各种培训学习等。

(5) 利用因特网查询或面向上级技术部门开展技术咨询活动。

2. 项目开展技术交流活动注意事项

(1) 技术交流与工程施工相结合,与当前普遍关心的技术难点相结合,与四新技术相结合。

(2) 抓住关键技术。一个工程总会遇到几项关键技术,有效解决好,工程质量与进度就有保证。

(3) 重视个性技术和示范工程,学习别人有特色的技术和施工方法。

(4) 促进科技成果向现实生产力转化,抓住节能降耗、缩短工期,降低成本的技术。

(5) 加强技术跟踪,以更好地了解某项技术的整体应用情况及应用效果。

(6) 要提前做好充分的技术准备与理解,以便交流中能抓住要点,发现与项目实际情况相吻合的信息,并结合项目实际情况进行探讨,得到对项目有用的技术和施工经验。

14 施工组织设计

14.1 施工组织设计概述

14.1.1 钢结构施工组织研究的对象和任务

随着社会经济的发展和钢结构技术的进步,现代钢结构施工过程已成为十分复杂的生产活动。一个大型建设项目的钢结构施工,不但需要组织安排成千上万的各种专业建设人员和繁多类型的钢结构机械、设备,在一定时间和空间内,有条不紊地相互衔接与配合进行施工,而且还需要组织品种繁多、数量巨大的钢结构材料、构(配)件和半成品的生产、检查、运输、储存和供应工作,此外,还需组织施工现场临时供水、供电、供热,搭建生产和生活所需的各种临时建筑,协调各有关单位和外部关系,对工程质量、进度、成本、安全等进行控制和检查。这些工作的顺利进行,必须有计划、组织、指挥与协调等职能作为可靠的保障。以上各生产要素组成的钢结构施工,若没有组织管理,是无法达到预期目标的。因此,钢结构施工中的组织与管理,对于多快好省地完成工程建设任务,提高施工企业的经济效益和社会效益具有十分重要的意义。

何谓钢结构施工组织?钢结构施工组织就是针对工程施工的复杂性,探讨与研究钢结构施工全过程为达到最优效果,寻求最合理的统筹安排与系统管理的客观规律的一门学科。具体讲,施工组织的任务就是根据钢结构施工的技术经济特点、国家的建设方针、政策和法规、业主的计划与要求、提供的条件与环境,对耗用的大量人力、资金、材料、机械和施工方法等进行合理的安排,协调各种关系,使之在一定的时间和空间内,得以实现有组织、有计划、有秩序的施工,以期在整个工程施工上达到相对最优效果。即进度上耗工少,工期短;质量上精度高,功能好;经济上资金省,成本低。

在我国,施工组织作为一门科学还很年轻,也很不完善,但日益引起广大施工管理者的重视。因为,它可为企业和承包者带来直接的、巨大的经济效益。目前,钢结构施工组织学科已作为钢结构工程专业的必修课程,也是工程项目管理者必备的知识。

学习和研究钢结构施工组织,必须具有本专业的基础知识、钢结构制造和施工技术知识。进行施工组织,是对专业知识、组织管理能力、应变能力等的综合运用。现在,本学科已广泛应用了其他学科知识;同时,也全面发展现代化的定量方法(如现代数学方法、网络技术和计算技术等)和计算手段(如电子计算机)及组织方法(如采用立体交叉流水作业等)。以使得在组织工程施工,进行进度、成本、质量控制中,达到更快、更准、更简便的目的。

如前所述,施工对象千差万别,需组织协调的关系错综复杂,我们不能局限于一种固定不变的组织管理方法与模式去运用于一切工程上。必须充分掌握施工的特点和规律,从每一个环节入手,做到精心组织,科学规划与安排,制定切实可行的施工组织设计,并据此严格控制与管理,全面协调好施工中的各种关系,充分利用各项资源以及时间与空间,以取得最佳效果。

14.1.2 施工组织设计的性质和任务

施工组织设计是在施工前编制的，是用来指导拟建工程施工准备和组织施工的全面性的技术、经济文件。也是对施工活动实施科学管理的有力手段和统筹规划设计。由于钢结构产品的多样性及生产的单件性等特点，每项工程都必须单独编制施工组织设计，施工组织设计经批准后才允许正式施工。

施工组织设计是在充分研究工程的实际情况和施工特点的基础上编制的，用以规划、布置施工活动的各个方面，按最适宜的施工方案和技术组织措施组织施工，使其实现最好的经济效益。

施工组织设计的基本任务是根据业主对建设项目的各项要求，选择经济、合理、有效的施工方案；确定合理、可行的施工进度；拟定有效的技术组织措施；采用最佳的劳动组织，确定施工中劳动力、材料、机械设备等需要量；合理布置施工现场的空间，以确保全面高效地完成最终钢结构产品。

14.1.3 施工组织设计的作用

施工组织设计在每项建设工程中具有重要的规划作用、组织作用和指导作用，具体表现在：

（1）施工组织设计是施工准备工作的一项重要内容，同时又是指导各项施工准备工作的依据。可以说，施工组织设计是整个施工准备工作的核心。

（2）施工组织设计可以体现实现基本建设计划和设计的要求，可以进一步验证设计方案的合理性与可行性。

（3）施工组织设计是为拟建工程所确定的施工方案、施工进度和施工顺序等，是指导开展紧凑、有秩序施工活动的技术依据。

（4）施工组织设计所提出的各项资源需要量计划，直接为资源供应工作提供数据。

（5）施工组织设计对现场所作的规划与布置，为现场的文明施工创造了条件，并为现场平面管理提供了依据。

（6）施工组织设计对施工企业的施工计划起决定和控制性的作用。施工计划是根据施工企业对钢结构市场所进行科学预测和中标的结果，结合本企业的具体情况，制定出的企业不同时期应完成的生产计划和各项技术经济指标。而施工组织设计是按具体的拟建工程对象的开竣工时间编制的指导施工的文件。因此，施工组织设计与施工企业的施工计划两者之间有着极为密切、不可分割的关系。施工组织设计是编制施工企业施工计划的基础，反过来，制定施工组织设计又应服从企业的施工计划，两者是相辅相成、互为依据。

（7）施工组织设计是统筹安排施工企业生产的投入与产出过程的关键和依据。钢结构产品的生产和其他工业产品的生产一样，都是按要求投入生产要素，通过一定的生产过程，而后生产出成品，而中间转换的过程离不开管理。钢结构施工企业也是如此，从承担工程任务开始到竣工验收交付使用为止的全部施工过程的计划、组织和控制的投入与产出过程的管理，基础就是科学的施工组织设计，其关系如图 14-1 所示。

（8）通过编制施工组织设计，可充分考虑施工中可能遇到的困难与障碍，主动调整施工中的薄弱环节，事先予以解决或排除，从而提高了施工的预见性，减少了盲目性，使管理者和生产者做到心中有数，为实现建设目标提供技术保证。

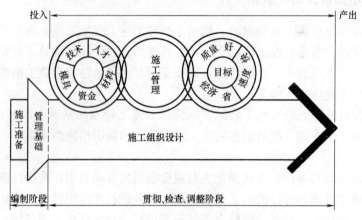

图 14-1 施工企业生产管理与施工组织设计的关系

14.1.4 施工组织设计的分类

施工组织设计按设计阶段的不同、中标前后的不同、编制对象范围的不同、使用时间的不同和编制内容的深度及广度不同，有以下分类。

1. 按设计阶段的不同分类

大中型项目的施工组织设计的编制是随着项目设计的深入而深入，因此，施工组织设计要与设计阶段相配合，按设计阶段编制不同广度、深度和作用的施工组织设计。

（1）当项目设计按两个阶段进行时，施工组织设计分为施工组织总设计（扩大初步施工组织设计）和单位工程施工组织设计两种。

此时，施工组织总设计是在完成了扩大初步设计之后，依据其编制的。在完成了施工图设计之后，编制单位工程施工组织设计。

（2）当项目设计按三个阶段进行时，施工组织设计分为施工组织设计大纲（初步施工组织条件设计）、施工组织总设计和单位工程施工组织设计三种。此时，设计阶段与施工组织设计的关系是：

初步设计完成，可编制施工组织设计大纲；技术设计（招标设计）之后，可编制施工组织总设计；施工图设计完成后，可编制单位工程施工组织设计。

2. 按中标前后的不同分类

施工组织设计按中标前后的不同分为标前施工组织设计（简称"标前设计"）和标后施工组织设计（简称"标后设计"）两种。

标前施工组织设计是指在投标之前编制的施工项目管理规划，作为编制投标书和进行签约谈判的依据。标后施工组织设计是在中标、签订合同以后编制的，作为具体指导施工全过程的技术文件。两种施工组织设计的不同点见表14-1。

3. 按编制对象范围的不同分类

施工组织设计按编制对象范围的不同可分为施工组织总设计、单位工程施工组织设计、分部分项工程施工组织设计三种。

两种施工组织设计的区别　　　　　　表 14-1

种类	服务范围	编制时间	编制者	主要特性	追求主要目标
标前设计	投标与签约	投标书编制前	经营管理层	规划性	中标和经济效益
标后设计	施工准备至验收	签约后开工前	项目管理层	作业性	施工效率和效益

(1) 施工组织总设计。

施工组织总设计是以一个钢结构群或一个建设项目为编制对象，以批准的初步设计或扩大初步设计为主要依据，在总承包企业的总工程师领导下进行编制的，用以指导整个建设工程施工全过程的各项施工活动的、全局性的技术经济性文件。

(2) 单位工程施工组织设计。

单位工程施工组织设计是以一个单位工程（一个钢结构建筑物或构筑物，一个交工系统）为编制对象，在施工图设计完成后，由直接组织施工的基层单位负责编制，用以指导单位工程施工全过程的各项施工活动的技术经济性文件。

(3) 分部（分项）工程施工组织设计。

分部（分项）工程施工组织设计也叫做分部分项工程作业设计。它是以分部（分项）工程为编制对象，由单位工程的技术人员负责编制，用以具体实施其分部（分项）工程施工全过程的各项施工活动的技术、经济和组织的综合性文件。一般对于工程规模大、技术复杂或施工难度大的钢结构建筑或构筑物，在编制单位工程施工组织设计之后，常需对某些重要的又缺乏经验的分部（分项）工程再深入编制施工组织设计。例如，深基础工程、大型结构安装工程、高层钢筋混凝土主体结构工程及地下防水工程等。

施工组织总设计、单位工程施工组织设计和分部、分项工程施工组织设计，它们三者之间是同一建设项目，不同广度、深度和作用的三个层次。

4. 按编制内容的繁简程度不同分类

施工组织设计按编制内容的繁简程度不同，可分为完整的施工组织设计和简明的施工组织设计两种。

(1) 完整的施工组织设计。

对于重点工程、规模大、结构复杂、技术要求高、采用新结构、新技术、新工艺的拟建工程项目，必须编制内容详尽的完整的施工组织设计。

(2) 简明的施工组织设计（或施工简要）。

对于非重点的工程，规模小，结构又简单，技术不复杂而以常规施工方法为主的拟建工程项目，通常可编制仅包括施工方案、施工进度计划和施工平面图（简称一案、一表、一图）等内容的简明施工组织设计。

14.1.5 施工组织设计的内容

施工组织设计的内容，是由其应回答和解决的问题组成的。无论是群体工程还是单位工程，其基本内容如下。

1. 工程概况及特点分析

施工组织设计首先对拟建工程概况及工程特点进行调查分析并加以简述，目的在于搞清工程任务的基本情况是怎样的。这样做可使编制者掌握工程概况，以便"对症下药"；对使用者来说，也可做到心中有数；对审批者来说，可使其对工程有概略的认识。因此，这部分是多方面的作用，不可忽视。

工程概况包括拟建工程的钢结构特点，工程规模及用途，建设地点的特征，施工条件，施工力量，施工期限，技术复杂程度，资源供应情况，上级、建设单位提供的条件及要求等各种情况与分析。

2. 施工方案

施工方案选择是根据上述情况的分析，结合人力、材料、机械、资金和施工方法等可变因素与时空的优化组合，全面布置任务，安排施工顺序和施工流向；确定施工方法和施工机械。对承建工程可能采用的几个方案进行分析，通过技术经济比较、评价，选择出最佳方案。

3. 施工准备工作计划

施工准备工作计划主要是明确施工前应完成的施工准备工作的内容、起止期限、质量要求等，主要包括：技术资料的准备，现场"三通一平"、临建设施、测量控制网准备，材料、构件、机械的组织与进场，劳力组织等。

14.1.6 施工进度计划

施工进度计划是施工组织设计在时间上的体现。进度计划是组织与控制整个工程进展的依据，是施工组织设计中关键的内容。因此，施工进度计划的编制要采用先进的组织方法（如立体交叉流水施工）和计划理论（如网络计划、横道计划等）以及计算方法（如各项参数、资源量、评价指标计算等），综合平衡进度计划，规定施工的步骤和时间，以期达到各项资源在时间、空间的合理利用，并满足既定的目标。

施工进度计划包括划分施工过程、计算工程量、计算劳动力需用量、确定工作天数和工人人数或机械台班数，编排进度计划表及检查与调整等项工作。为了确保进度计划的实现，还必须编制与其相适应的各项资源需要量计划。

14.2 流水作业原理及网络计划

14.2.1 流水作业原理及应用

1. 流水作业的基本概念

流水作业是一种组织生产的方式，即把整个加工过程分成若干个不同的工序，按照一定的顺序像流水似地不断进行。流水作业最早应用在工业生产上，后来应用于所有生产领域。实践证明，流水作业法是组织生产的有效方法。在建筑施工的过程中也采用流水作业法，即流水施工。

在工程施工过程中，每个施工阶段上的施工任务都可以划分为许多工种工作，比如钢筋混凝土框架主体工程可以划分为模板、钢筋、混凝土等工种工作，每项工作可配备适当的人员去完成，通常称为分工。把工作分得越细，也就是专业化程度越高，可以获得很高的劳动效率。但是专业化达到一定的程度以后，费用就会提高，工人也会由于工作单调而产生厌烦的心理，因此专业化程度要适度。

由于建筑施工的技术特点，流水作业的组织方法与一般工业生产有所不同。

2. 流水施工的特点

流水施工是将施工对象划分为几个施工区段，每个施工区段上划分为若干个施工过程，相应地组织若干个专业队（组），使其按照一定的施工顺序和施工流向，在各个施工区段上完成各自的工作。

组织施工的方式有多种，其中流水施工是最好的一种组织方式。例如，建造三栋相似的砖混结构住宅楼，它们的地基与基础工程都可划分为挖土方、做垫层、砌基础和回填土四个施工过程，而且每栋楼的工程量大致相等。若把每一栋楼作为一个施工区段，每一个施工过程在每个区段上所需要的时间为天，对这四栋楼的地基与基础工程施工，有以下三种组织方式：

(1) 依次施工

依次施工组织方式，是先按一定的施工顺序完成一个区段上的各施工过程以后，再进行下一个区段，直到完成所有的施工区段，如图 14-2 (a) 所示。

由图 14-2 (a) 可以看出，依次施工组织方式具有以下特点：

1) 工期较长；
2) 各专业队（组）不能连续工作，产生窝工现象；
3) 工作面闲置多，空间不连续；
4) 单位时间内投入的资源量较少且较均衡；
5) 施工现场的组织管理较简单。

(2) 平行施工

平行施工是对所有的施工区段同时开工、同时完工的组织方式，如图 14-2 (b) 所示。由图 14-2 (b) 可以看出，平行施工组织方式具有以下特点：

1) 工期最短；
2) 工作面能充分利用，施工段上没有闲置；
3) 单位时间内需要的资源量大。

(3) 流水施工

流水施工组织方式如图 14-2 (c) 所示。

由图 14-2 (c) 可以看出，与依次施工、平行施工比较，流水施工组织方式具有以下特点：

1) 工期比较合理；
2) 各工作队（组）能连续施工；
3) 各施工区段上，不同的工作队（组）依次连续地进行施工；
4) 单位时间内的资源需要量比较均衡。

3. 流水施工进度计划的表达方法

流水施工进度计划的表达方法主要有横道图法和网络图法。本节主要讲横道图法。横道图法又分水平图法和斜线图法。

(1) 水平图法

水平图法的表达形式是图的左边部分列出各施工过程或施工段的名称，右边部分用水平线条表示工作进度线，水平线的长度表示某施工过程在某施工段上的作业时间，水平线的位置表示某施工过程在某施工段上作业的开始到结束时间。

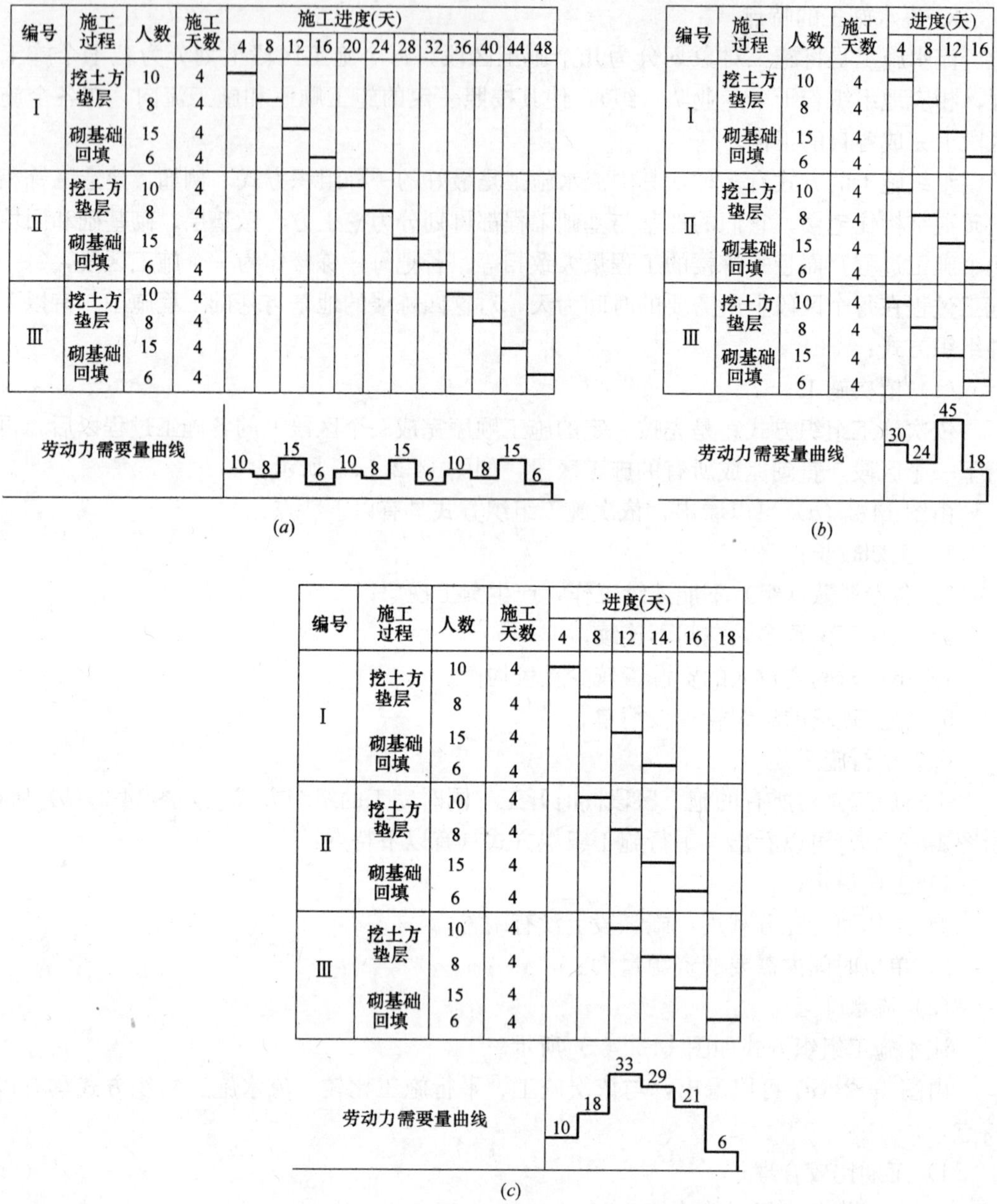

图 14-2 施工组织方式

(a) 依次施工；(b) 平行施工；(c) 流水施工

1) 水平图法又有两种表达形式：

① 施工段数列在左边项目栏里，施工过程以进度线表示，如图 14-3 (a) 所示。

图 14-3 中，1、2、3 表示施工段，Ⅰ、Ⅱ、Ⅲ 表示施工过程，t 表示一个时间单位，可表示 1 天，也可表示若干天。

② 施工过程数列在左边项目栏里，施工段数在进度线上表示，如图 14-3 (b) 所示。

(2) 斜线图法

斜线图法是将横道图中的水平进度线改为斜线来表达的一种形式，如图 14-4 所示。

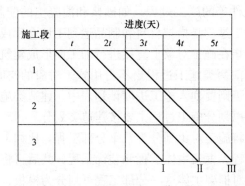
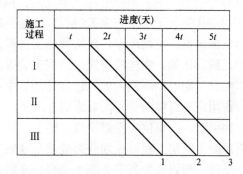

图 14-3 流水施工的水平图

图 14-4 流水施工的斜线图

斜线的斜率形象地反映出各施工过程的施工速度,斜率越大,施工速度越快。

4. 流水施工的效果

流水施工是在工艺划分、时间排列和空间布置上的统筹安排,使劳动力得以合理使用,资源需要量也较均衡,这必然会带来显著的技术经济效果,主要表现在以下几个方面:

(1) 能提高劳动生产率、保证质量。

组织流水施工,可以实行专业化的队(组),人员、工种比较固定,如钢筋工专门干钢筋工程,模板工专门支模等,这样就能不断地提高工人的技术熟练程度,从而提高了劳动生产率;同时也提高了质量。

(2) 缩短工期。

由于流水施工具有连续性的特点,能充分利用时间和空间,在一定条件下相邻两施工过程之间还可以互相搭接,因此可以大大地缩短施工工期。

(3) 降低工程成本。

由于流水施工具有可以缩短工期、提高效率、用工少及资源需要量均衡等特点,可以减少有关的费用支出,这就为降低工程成本、提高经济效益创造了条件。

14.2.2 流水施工参数

在组织流水施工时,用以描述流水施工在工艺流程、空间布置和时间安排等方面的特征和各种数量关系的参数,称为流水施工参数。它主要包括工艺参数、空间参数和时间参数。

1. 工艺参数

工艺参数是指在组织流水施工时，用来表达在施工工艺上开展的顺序及其特征的参数。工艺参数包括施工过程数和流水强度两种参数。

(1) 施工过程数（n）

组织建筑工程的流水施工时，通常把施工对象划分为若干施工过程，对每一个施工过程组织一个或几个专业化的施工队（组）进行施工，这样可提高工人的操作熟练程度，进而提高劳动生产率。

1) 划分施工过程的方法。

按照工艺性质的不同，施工过程可分为制备类、运输类和建造类施工过程。制备类施工过程是指预先加工和制造建筑半成品、构配件等的施工过程，如砂浆和混凝土的配制、钢筋的制作等属于制备类施工过程；运输类施工过程是指把材料和制品运到工地仓库或再转运到现场操作使用地点；建造类施工过程是指在施工对象上直接进行加工而形成建筑产品的过程，比如，墙体的砌筑、结构安装等。前两类施工过程当不占用施工对象的空间、不影响总工期时，不列入施工进度计划表中，否则要列入施工进度计划表中。建造类施工过程占用施工对象的空间而且影响总工期，所以划分施工过程主要按建造类划分。

如果对一个单位工程组织流水施工，可先将施工对象划分为几个分部工程，比如，对钢筋混凝土框架工程可先划分为地基与基础工程、框架主体工程和装饰工程，然后再将每一个分部工程划分为若干个施工过程。比如，对框架主体这一分部工程可划分为模板、钢筋和混凝土等几个施工过程。

2) 划分施工过程应考虑的因素：

① 施工过程数与房屋的复杂程度、结构类型及施工方法等有关。对复杂的施工内容应分得细些，简单的施工内容分得不要过细。

② 施工过程的数量要适当，以便于组织流水施工。施工过程数过小，也就是划分得过粗，达不到好的流水效果；反之，施工过程数过大，需要的专业队（组）就多，相应地需要划分的流水段也多，这样也达不到好的流水效果。

③ 要以主要的施工过程（建造类）划分，配合制备类和运输类。

(2) 流水强度（V）

流水强度也叫做流水能力或生产能力，它是指某一个施工过程在单位时间内能够完成的工程量。流水强度又分机械施工过程的流水强度和手工操作过程的流水强度。

1) 机械施工过程的流水强度。

机械施工过程的流水强度可按公式（14-1）计算。

$$V_i = \sum_{i=1}^{x} R_i S_i \tag{14-1}$$

式中　V_i——第 i 施工过程的流水强度；

R_i——投入第 i 施工过程的某种主要施工机械的台数；

S_i——该种施工机械的产量定额；

x——投入第 i 施工过程的主要施工机械的种类数。

[例 14-1] 有 500L 混凝土搅拌机 2 台，其产量定额为 44m³/台班，400L，混凝土搅

拌机1台，其产量定额为36m³/台班。求这一施工过程的流水强度。

[解] $R_1=2$ 台，$R_2=1$ 台

$S_1=44\text{m}^3/$台班，$S_2=36\text{m}^3/$台班

$$V = \sum_{i=1}^{x}R_iS_i = (44\times 2+36\times 1)\text{m}^3 = 124\text{m}^3$$

2）手工操作过程的流水强度。

手工操作过程的流水强度可按公式（14-2）计算。

$$V_i=R_iS_i \tag{14-2}$$

式中 V_i——第 i 施工过程的手工操作流水强度；

R_i——施工投入第 i 过程的人工数；

S_i——第 i 施工过程的产量定额。

2. 空间参数

空间参数是用来表达流水施工在空间布置上所处状态的参数，包括施工段、工作面和施工层。

（1）工作面（A）

工作面是指施工人员和施工机械进行施工所需要的范围。工作面的大小是根据施工过程的性质，按照不同的单位来计量的，有关数据可参考表14-2。

主要工种工作面参考数据表　　　　表14-2

工作项目	每个技工的工作面	说　明
砖基础	7.6m/人	以 1½ 砖计 2砖乘以 0.8 3砖乘以 0.55
砌砖墙	8.5m/人	以 1 砖计 1½ 砖乘以 0.71 2砖乘以 0.57
毛石墙基	3m/人	以 60cm 计
毛石墙	3.3m/人	以 40cm 计
混凝土柱、墙基础	8m³/人	机拌、机捣
混凝土设备基础	7m³/人	机拌、机捣
现浇钢筋混凝土柱	2.45m³/人	机拌、机捣
现浇钢筋混凝土梁	3.20m³/人	机拌、机捣
现浇钢筋混凝土墙	5m³/人	机拌、机捣
现浇钢筋混凝土楼板	5.3m³/人	机拌、机捣
预制钢筋混凝土柱	3.6m³/人	机拌、机捣
预制钢筋混凝土梁	3.6m³/人	机拌、机捣
预制钢筋混凝土屋架	2.7m³/人	机拌、机捣
预制钢筋混凝土平板、空心板	1.91m³/人	机拌、机捣
预制钢筋混凝土大型屋面板	2.62m³/人	机拌、机捣
混凝土地坪及面层	40m²/人	机拌、机捣
外墙抹灰	16m²/人	
内墙抹灰	18.5m²/人	
卷材屋面	18.5m²/人	
防水水泥砂浆屋面	16m²/人	
门窗安装	11m²/人	

(2) 施工段数（m）

施工段数是指为了组织流水施工，将施工对象在平面上划分的施工区段的数量。划分施工段的目的在于能使不同工种的专业队同时在工程对象的不同工作面上进行作业，这样能充分利用空间，为组织流水施工创造条件。一般来说，一个施工段上在某一时间内只有一个专业队施工，也可以两个队在同一施工段上穿插或搭接施工。

划分施工段时考虑以下因素：

1) 首先要考虑结构界限（沉降缝、伸缩缝、单元分界线等），有利于结构的整体性；

2) 尽量使各施工段上的劳动量相等或相近；

3) 各施工段要有足够的工作面；

4) 施工段数不宜过多；

5) 尽量使各专业队（组）连续作业。这就要求施工段数与施工过程数相适应，当每个施工过程组织一个专业队（组）时，二者之间的关系如下：

① 当 $m>n$ 时，各专业队（组）能连续施工，但施工段有空闲。

② 当 $m=n$ 时，各专业队（组）能连续施工，各施工段上没有闲置。这种情况是最理想的。

③ 当 $m<n$ 时，对单栋建筑物组织流水时，专业队（组）就不能连续施工而产生窝工现象。如果对两栋以上的同类建筑物组织流水，专业队（组）才能连续施工。

[例 14-2] 一座三层砖混结构楼房，在平面上划分为 3 个施工段，分 2 个施工过程（砌墙、安楼板）进行施工，各施工过程在各段上的作业时间为 3 天。试画出流水进度表。

[解] 据题意画流水进度表见表 14-3 所示。表中 1、2、3 表示层数，①、②、③表示段数。

例 14-2 的流水进度表　　　　　　　　　表 14-3

施工过程	进度(天)									
	3	6	9	12	15	18	21	24	27	30
砌砖	1-①	1-②	1-③	2-①	2-②	2-③	3-①	3-②	3-③	
安楼板		1-①	1-②	1-③	2-①	2-②	2-③	3-①	3-②	3-③

14.2.3 网络计划技术

网络计划技术是 20 世纪 50 年代中后期发展起来的一种科学的计划管理方法。由于它符合通盘考虑、统一规划的思想，1965 年，华罗庚教授将此法介绍到我国时，将其概括为统筹法。后来，统称为网络计划技术。

1. 网络计划技术的性质和原理

在管理的所有职能中，计划是首要的职能。无论是进行工业生产、农业生产，还是进行国防建设以及安排科研工作，都需要预先制订周密的计划。计划的内容包括要达到什么目标，应采用什么方法和手段，计划何时开始，何时结束，先做什么，后做什么等。由于计划中各项工作之间存在相互联系、相互制约的关系，所以组织安排恰当与否，关系任务完成的时间和消耗的资源及费用的多少问题。对于简单的工作，可以凭经验进行组织安排，但对于现代化的工农业生产、大型的工程项目、复杂的科学研究工作来讲，工作项目繁多，关系错综复杂，参加的部门和人员很多，且有精细的分工，协作关系要求十分严格。计划中的环节很多，一环脱节就会影响到其他环节，最终导致对整个任务产生影响。在这种情况下进行各种生产活动，必须要有科学的组织和严密的计划。对组织管理者来讲，要统筹兼顾、全面协调、有效控制，并根据情况的变化及时进行调整和处理，才能保证计划顺利地进行。到目前为止，编制计划和管理的最适合的方法莫过于网络计划技术。

要说明网络计划技术，首先要了解何谓网络图，何谓网络计划。网络图是由箭杆和节点（事件）组成的用来表示工作流程的有向、有序的网状图形。在网络图上加注时间参数等而成的进度计划，称为网络计划。用网络计划对任务的工作进行安排和控制，以保证预定目标顺利实现的科学的计划管理方法即为网络计划技术。这里所讲的任务是指计划所承担的有规定目标及约束条件（如时间、资源、费用、质量等）的工作总和。

网络计划技术的基本原理可表述为：利用网络的形式和数学运算来表达一项计划中各项工作的先后顺序和相互关系，通过时间参数的计算，确定计划的总工期，找出计划中的关键工作和关键线路，在满足既定约束条件下，按照规定的目标，不断地改善网络计划，选择最优方案，并付诸实施。在计划执行过程中，进行严格的控制和有效的监督，保证计划自始至终有计划有组织地顺利进行，从而达到工期短、费用低、质量好的良好效果。

2. 网络计划技术的特点

与传统的横道图计划方法相比，网络计划技术具有如下的特点：

（1）它能够把整个计划用一张网络图的形式完整地表达出来，并在图中严密地表示计划中各工作间的逻辑关系。

（2）通过网络时间参数计算，找出关键工作和关键线路及各工作的机动时间，从而使计划管理人员心中有数，便于抓住主要矛盾，充分利用时差，合理安排人力物力和资源，取得降低成本，缩短工期的效果。

（3）可直接对网络计划进行优化，从多个可行方案中找出最佳方案，并付诸实施。

（4）在计划执行过程中，可根据外界条件的变化及工程的实际进展情况加以及时调整。保证自始至终对计划实行有效的监督与控制，使整个计划任务按期或提前完成。

（5）它不仅是控制工期的有力工具，也是控制费用和资源消耗的有力工具，也就是说，可把进度控制与成本控制、合理利用资源综合起来考虑。

（6）网络计划的编制过程是深入调查研究，对工程任务对象认真分析与综合的过程，因此有利于克服计划编制工作中的主观盲目性。而且编制网络计划需要各种信息数据和统计资料，这样有助于推动应用单位加强基础工作的管理。

（7）可根据项目进展阶段的不同和管理层次的需要，将计划的总目标从不同的角度层层分解，形成一个层次清晰、目标明确、责任分明的完整的目标体系。这样，有利于贯彻各级岗位责任制，充分发挥工作效率。同时还能使全体人员了解任务的全局，领会总的部署要求，便于统一思想、统一步调，为总目标的顺利实现而共同努力。

（8）可以根据不同的网络模型和目标，编制相应的计算机程序，为电子计算机的应用提供了条件。从绘图、计算、方案优化到动态控制都可由计算机来完成，这样就保证了计划的准确性、及时性，而且可大大提高工作效率。工程规模越大，关系越复杂，越能显示出其优越性。

3. 网络计划的分类

网络计划技术是一种内容非常丰富的计划管理方法，从不同的角度可将其分成不同的类别。常见的分类方法如下。

(1) 按网络计划参数性质不同分类

1) 肯定型网络计划。如果网络计划中各项工作间的逻辑关系是肯定的，各项工作的持续时间也是确定的，而且整个网络计划有确定的工期，这类型的网络计划就称为肯定型网络计划。其主要代表为关键线路法（CPM）。

2) 非肯定型网络计划。如果网络计划中各工作间的逻辑关系或工作的持续时间是不确定的，整个网络计划工期也是不确定的，这类型的网络计划就称为非肯定型的网络计划。

非肯定型网络计划通常又分为概率型网络计划和随机型网络计划两大类。其中，概率型网络计划的典型代表是计划评审法（PERT）；随机型网络计划的典型代表是图示评审法（GERT）。决策关键线路法（DCPM）和风险评审法（VERT）等也属于非肯定型网络计划。

(2) 按网络计划的目标不同分类

1) 单目标网络计划。具有一个终点节点（汇节点）的网络计划称为单目标网络计划，此种网络计划只有一个最终目标。cPM 和 PERT 网络计划一般均为单目标网络计划。

2) 多目标网络计划。有多个终点节点或汇节点的网络计划称为多目标网络计划，此种网络计划有多个最终目标。GERT 网络计划一般属于多目标网络计划。

(3) 按工作表示方法不同分类

1) 双代号网络计划。双代号网络计划是以双代号表示法绘制而成的网络计划，在双代号网络图中，以箭杆代表工作，节点表示工作间的连接关系，计划中的每项工作均可用其两端的两个节点编号来表示。

2) 单代号网络计划。单代号网络计划是以单代号表示法绘制而成的网络计划。在单代号网络固中，以节点代表工作，并可用节点的编号来表示，箭杆仅用来表示工作间的逻辑关系。

(4) 按有无时间坐标分类

1) 无时标网络计划。在无时标网络计划中，工作箭杆长度与持续时间无关，工作持续时间，以数字标注在工作箭杆的下方，因此，亦称为标时网络计划。

2) 时标网络计划。以时间坐标为尺度绘制的网络计划。在时标网络计划中，每项工作箭杆的水平投影长度与其持续时间成正比。时标的时间单位可根据需要在编制网络计划之前确定。

(5) 按工作间的连接关系不同分类

1) 普通网络计划。工作间的连接关系单一，均按首尾衔接关系绘制的网络计划。

2) 搭接网络计划。工作间的连接关系复杂，需按各种规定的搭接时距关系来绘制的网络计划。网络图中，既能反映各种搭接关系，又能反映相互衔接关系。搭接网络计划又有单代号搭接网络计划和双代号搭接网络计划之分，其中以前者为主。

3) 流水网络计划。流水网络计划是将流水作业的原理与网络计划方法有机结合，以充分反映流水作业特点的网络计划。

(6) 按管理层次不同分类

1) 总体网络计划。以整个计划任务或总目标为对象编制的网络计划或整体工程项目网络计划等。

2) 局部网络计划。以计划任务的某一部分或各部分目标为对象编制的网络计划，如子项目网络计划或分部、分项网络计划等。

4. 网络计划技术的产生和发展

网络计划技术是一种科学的计划方法，也是一种有效的生产管理方法。与任何先进的理论和技术一样，它也是随着生产的发展而产生和发展起来的。第二次世界大战以后，特别是进入 20 世纪 50 年代，世界经济迅猛发展，生产的现代化、社会化达到一个新的水平，组织管理工作越来越复杂，以往的横道图计划（甘特图），已不能适应对庞大、复杂计划的判定和管理，迫切需要一种新的更先进更科学的计划管理方法，于是网络计划技术应运而生了。50 年代中后期，在美国发明了两种新的计划管理方法，即关键线路法和计划评审法。

早在 1952 年，美国杜邦公司就注意到数学家在网络分析计算方面的成就，并试图在工程规划方面加以应用。1955 年，该公司提出一种设想，将每项工作规定起止时间，并将工作顺序绘制成网络状图形。1956 年，他们又设计了简单的计算程序，将工作的顺序和作业时间输入计算机而编出计划，这标志着一种新的管理方法即关键线路法（CPM）的诞生。1957 年，他们首次把这种方法应用于一个价值 1000 多万美元的化工厂的建设工程中，紧接着又用此法编制一个价值数百万美元的工程施工计划。虽然由于是初次使用，缺少经验及其他客观条件所限，这两个工程计划执行得都不太理想，但从这两个计划的编制与执行中已初步显示出这种方法的潜力和应用前景。以后，他们把此种方法应用于一项设备检修工程而取得了较好的效果，使设备维修而停产的时间缩短了 40%，并节省了近百万美元。从此，网络计划技术的关键线路法得到了顺利的应用和发展。

计划评审法（PERT）是在美国军队中发展起来的，并于 1958 年在北极星导弹的研制过程中首次使用且获得了极大的成功。正是得益于这种新的计划管理方法，把参与此项研制工程的 1 万多家厂商很好地组织起来协调工作，最后提前两年多顺利完成任务，同时在成本控制方面也取得了显著的效果。充分显示出它具有强大的生命力和极广阔的应用前景。后来在有 42 万人参加，前后历时 13 年，耗资 400 多亿美元的"阿波罗"载人登月计划中，再次使用 PERT 进行计划、组织和管理，取得了史无前例的成就，人类终于在 1969 年成功地登上了月球，人类数百年来的梦想终于变成了现实。为此，美国国防部规定，凡承包有关国防工程单位必须采用这种方法安排计划并进行管理。这样，PERT 方法很快在美国海、陆、空三军中得到广泛的应用。

后来美国政府规定，从 1962 年起，一切新开发的工程项目都要全面采用网络计划技术来安排计划，使得网络计划技术在建筑、桥梁、隧道、水坝、铁路、公路、电站等建设中，在钢铁工业、化学工业、汽车制造等各个工业领域，甚至百老汇的演出中都得到了应用。为了更好地推广和应用网络计划技术，美国还专门拍摄了介绍网络计划技术的电影，研究编制了数百种标桩网络计划，以供同类型的工程使用。

后来，这两种方法很快传到了欧洲，受到众多的东西欧国家的普遍重视，并在生产、科研等管理的各个领域都得到了应用。比如，前苏联政府早在 1964 年就颁布了一系列指令性文件，规定所有大的工程项目，都必须采用网络计划方法，并且一直把网络计划技术作为一项必须推广应用的新技术列入国民经济发展规划中，把应用网络计划作为划分发展阶段的一个"里程碑"和建立管理自动化系统的先决条件。

在网络计划技术的推广和应用过程中，人们并不是机械地照抄，也不是墨守成规地模仿，不同的国家和地区、不同的部门和行业，根据各自的特点和需要进行了大量的研究和实践。使得以 CPM 和 PERT 为基础的网络计划技术得到不断地完善、发展和创新，先后出现了许多新型的网络模型，在形态上也是多种多样。比如，CPM 有单代号、双代号之分，美国、前苏联、日本等国广泛采用的是双代号，而西欧，尤其是德国普遍采用的是单代号。在形态上有普通网络、时标网络、流水网络及各种组合网络等。后来，在 CPM 的基础上先后发展起一些新型的非肯定型网络，比如决策树型网络、决策关键线路法（DCPM）等。在 PERT 的基础上，则发展起另一种全新的非肯定型网络，比如，图示评审法（GERT）、风险评审法（VEHT）。由此还派生出仿真图示评审法（G2RT3）、排队图示评审法（Q—GERT）等。

尤其从 20 世纪 60 年代末以来。由于电子计算机技术的快速发展及其在网络计划技术中的广泛应用，使其功能大大提高，应用范围更加广泛，效果更加显著。可以说，网络计划技术已成为现代化管理的最有效的方法之一。

14.2.4 网络计划技术在计划管理中的应用程序

为了更好地发挥网络计划技术在计划管理中的作用，根据 40 多年来的应用实践，其工作程序和步骤可归纳如下。

1. 确定网络计划目标

在编制网络计划时，首要的任务是根据需要和约束条件确定网络计划的目标，尤其是总目标。常见的目标有工期目标、费用目标和资源消耗目标等。网络计划的目标应确定得科学、先进，符合实际，为此，计划编制人员需要认真地调查研究，收集和掌握足够的、准确的各种资料和信息，并对调查所得资料进行综合分析研究，在此基础上制定出明确的完整的目标体系。

2. 设计工作方案

在确定的计划目标和调查研究的基础上，就可设计工作方案。其内容包括：

（1）确定合理的工作程序和顺序。
（2）确定工作的实施方法。
（3）选择所需的机械设备。
（4）确定重要的技术方案和组织原则，制订工作方案实施的技术、组织、经济等方面的措施。
（5）确定网络计划的模型。

3. 绘制网络模型图

根据网络计划的目标和所要解决的问题性质及管理要求，将任务进行合理分解，并进行逻辑关系分析，列出项目分解和工作逻辑关系及持续时间表。据此，绘制网络模型图。

4. 确定网络计划初始方案

对所绘制的网络模型图，选用相应的计算分析方法，计算出网络图的各项时间参数，找出关键工作和关键线路,得出网络计划的初始方案。

5. 编制可行的网络计划

根据网络计划的目标对网络计划的初始方案进行检查、修改和调整。检查的主要内容是:工作间的逻辑关系是否正确,工期指标、费用指标、资源指标等是否满足计划目标的要求。若不满足要求就需要采取技术、组织等措施进行认真的修改和调整,使之符合计划目标的要求。在此基础上重新计算时间参数并确定关键线路,最后绘制出可行的网络计划。

6. 确定优化的网络计划

可行的网络计划一般需进行优化,方可编制正式网络计划。网络计划优化一般可按下列步骤进行:

(1) 确定优化目标。
(2) 选择优化方法。
(3) 进行优化计算分析。
(4) 对优化结果进行评审、决策。
(5) 编制优化网络计划及说明书。

7. 网络计划的实施与控制

正式网络计划经审核和审批后,即可付诸实施。为了保证计划的顺利执行,应建立相应的组织保证体系和实施的具体措施。

网络计划在实施过程中,必须进行有效的监督和控制,为此需要建立健全相应的检查制度和数据采集报告制度,并定期、不定期或随机地对网络计划的执行情况跟踪检查和收集有关信息数据。对检查结果和收集的有关数据进行分析,并对网络计划在执行过程中的偏差,应及时予以调整,以保证计划的顺利实施。

8. 网络计划的总结分析

为了不断积累经验,提高计划管理水平,应在网络计划完成后,及时进行总结分析并提出报告。总结报告连同网络计划等资料一并存档保存。

9. 网络计划技术应用前景

网络计划技术之所以得到广泛的应用和较快的发展,除了自身具有的优点外,还与计算机技术的发展和计算机的普及有着密切的关系。现代化的生产需要及时准确地收集、整理、贮存和检索各类信息,这不仅要求我们迅速编制科学可行的进度计划,而且在计划实施过程中对进度计划不断进行控制、调整和优化,合理安排各种资源,从而缩短工期,降低成本,这一切都离不开网络计划技术的发展和计算机的应用,两者很好地结合是实现管理科学化、现代化的重要手段。近十多年来,网络计划计算机软件的不断研制和开发,为网络计划技术在计划管理中的应用开辟了广阔的前景。

早期开发的网络计划软件,都是在大型机上运行的,它的功能差、能耗多、成本高、效率低,应用并不普遍,主要用于大型国防工程及公共工程中,集中解决 CPM/PERT 网络的计算分析以及资源均衡、费用优化等基本问题。

从 20 世纪 70 年代后期开始,随着计算技术的发展和微机的普及,市场上先后推出了一些通用或专用的网络计划应用软件。新一代软件的功能大大提高,解决了从工作逻辑转换成网络结构的自动生成系统,使网络软件这种管理手段逐步从少数专家手上向拥有微机的各行各业管理人员手中转移，为网络计划技术在计划管理应用中的发展创造了良好的条件。

目前，市场上较为流行的软件产品有：

（1）P3（Primavera Project Planner）软件，是由美国 Primavera 公司于1987年推出。

（2）HTPM（Harvara Total Manager）软件，是1987年在捷克召开的国际网络计划技术年会上推荐的软件。

（3）HPM 软件，它是在 HTPM 软件基础上进行改进，补充了部分新的功能。

（4）TL4.0（MIMELINE：Project Management and Graphic Software Ver.4.0）软件，是由美国 Symantec Corporation 软件公司于1990年推出。

（5）MP4.0（Microsoft Project）软件，是美国 Microsoft 公司所开发。

此外，还有英国的 Artmis 软件、德国的 Plusiens 软件等。我国开发的软件主要有 MPERT、WLHT、NP3.1 和 GSWL 等。

这些软件性能各异，但都具有下列各项功能：

（1）可以输入各项工作的各种参数及其相互关系，包括实际进展情况的各种相应数据。

（2）检查工作间的逻辑关系，确定工作节点位置号。

（3）编制网络计划，包括多阶段网络，协调总网络与子网络之间的关系。

（4）网络计划时间参数计算，包括关键工作和关键线路的判别、日历时间的转换等。

（5）网络计划的优化，包括工期-成本优化，资源有限、工期最短优化，工期固定、资源均衡优化等。

（6）工程实际进度状态的统计分析。对从现场收集的进度、费用的处理和统计分析，形成与原始数据具有可比性的数据和表格。

（7）实际进度与计划进度的动态分析与比较。

（8）进度偏差的影响分析及工程进度变化趋势预测。

（9）进行计划的修改和调整。

（10）各种图形和表格编制、检索、修改、输出等功能。

图形的显示和输出大致有五类：横道图、网络图、资源直方图、S形曲线和香蕉形曲线及其他图形。

由于采用了屏幕菜单和窗口技术，给用户带来很大方便。另外，有些软件还具备费用、资源分配和进度综合管理功能。还开发了搭接网络、决策网络、随机网络等新型网络计划技术软件。

目前，网络计划技术—计算机应用方兴未艾，发展的势头很足，新世纪的网络计划管理软件将朝着以下几方面发展：

（1）融专家系统、人工智能、仿真和计算机辅助设计为一体的全新技术为发展目标，逐步实现项目管理的智能化。

（2）综合运用项目投资控制、进度控制、质量控制、合同管理等手段，将它们相互沟通，进行综合管理、整体协调，从单项管理职能逐步向项目系统综合信息系统方向发展。

（3）开发和推广应用新一代网络计划技术软件，适应不同领域、不同层次、不同目标、不同用户的管理需求，进一步拓宽应用范围，无论对宏观控制还是微观协调都能运用自如。

(4) 满足更高更强的用户化要求。一是简便性、可操作性；二是关联性，即网络计划软件与其他软件之间有适当的接口，可进行数据传输。

(5) 进一步完善软件功能与实际管理手段的统一性。新一代软件要适应当代技术和管理水平的发展，其功能应是各级管理者所期望的，并能确定付诸实施的。

14.2.5 双代号网络计划技术

双代号网络计划是目前国内应用较为广泛的一种网络计划的表达形式。它用箭杆和节点（事件）来表达计划要完成的各项工作，反映它们的先后顺序和相互关系，加注工作时间参数后就构成了双代号网络计划。用双代号网络计划对任务的工作进度进行安排和控制，以保证实现预定目标的科学的计划管理技术称为双代号网络计划技术。

1. 双代号表示法

在网络图中，用一根箭杆表示一项工作，工作名称标注在箭杆的上方，持续时间标注在箭杆的下方，箭尾表示工作的开始，箭头表示工作的结束，箭头和箭杆衔接处画上圆圈并编上号码，用前后两个圆圈中的号码来代表这项工作，这种表示方法，通常称为双代号表示法，如图 14-5 所示。

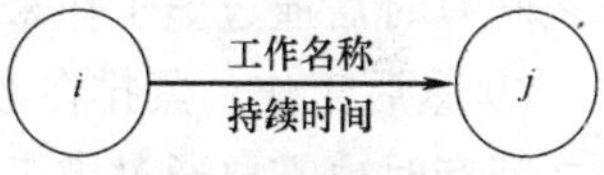

图 14-5 双代号表示法

2. 双代号网络图

计划中的全部工作根据它们的先后顺序和相互关系，用双代号表示法从左向右绘制而成的图形，称为双代号网络图。因工作是用箭杆表示的，因此双代号网络图亦称为箭杆式网络图。

［例 14-3］ 某混合结构民用房屋的基础工程，有四个施工过程，依次是基础挖土（简称"挖"），混凝土垫层浇筑（简称"垫"），浇筑钢筋混凝土基础（简称"基"），砌砖大方脚（简称"砖"）。如果分成两个施工段组织流水施工，据此，可绘出如图 14-6 所示的双代号网络图。

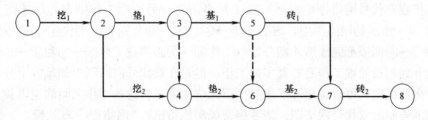

图 14-6 双代号网络图

计划中各工作之间的先后顺序关系称为工作之间的逻辑关系，它包括工艺关系和组织关系。凡是由生产工艺所决定的各工作之间的先后顺序关系为工艺关系，这是生产过程自身规律所决定的，一般是不可改变的。所谓组织关系是网络计划人员在实施方案的基础上，根据工程对象所处的时间、空间以及资源供应等客观条件所确定的工作展开的先后顺序。

在图 14-6 中，挖$_1$→垫$_1$→基$_1$→砖$_1$ 和挖$_2$→垫$_2$→基$_2$→砖$_2$，为工艺关系；挖$_1$→挖$_2$、垫$_1$→垫$_2$、砖$_1$→砖$_2$，为组织关系。

3. 双代号网络图的组成

双代号网络图主要由工作（箭杆）、节点和线路三个要素组成。

(1) 工作与虚工作

1) 工作。工作是指按计划需要的粗细程度划分而成的一个消耗时间的子项目或子任务。一项工作其具体内容可多可少，范围可大可小。例如，在一个建设项目中，一个单项工作可以是它的一项工作，一个单位工程也可以是它的一项工作，甚至可细分到一个分部工程，一个分项工程，一个工序来作为它的一项工作。再如，支梁板模板、绑扎梁板钢筋、浇筑梁板混凝土、混凝土养护、拆梁板模板五个施工过程可分别视为五项工作，也可将这五个施工过程视为一项工作，即"钢筋混凝土梁板工程"。究竟如何确定工作粗细程度，主要根据工程性质，规模大小和客观需要来确定。不管如何划分，在双代号网络图中，每项工作都只能用一个箭杆来表示。一般情况下，工作需要消耗时间和资源，有的则仅消耗时间而不消耗资源（如混凝土养护，抹灰干燥等技术间歇）。

按照网络图中工作之间的相互关系，可将工作分为以下几种类型：

① 紧前工作。紧排在本工作之前的工作称为本工作的紧前工作，本工作与其紧前工作之间有时需通过虚工作来联系。

② 紧后工作。紧排在本工作之后的工作称为本工作的紧后工作，本工作与其紧后工作之间有时也需要通过虚工作来联系。

③ 平行工作。可与本工作同时进行的工作称为平行工作。

④ 先行工作。在本工作所处的线路上，自开始节点至本工作之前的所有工作为本工作的先行工作。紧前工作是先行工作，但先行工作不一定是紧前工作。

⑤ 后续工作。在本工作所处的线路上，自本工作之后至终点节点为止的所有工作为本工作的后续工作。紧后工作是后续工作，但后续工作不一定是紧后工作。

2) 虚工作。在双代号网络图中，那种既不消耗时间，也不消耗资源，只表示前后相邻工作之间逻辑关系而虚设的工作称为虚工作。虚工作一般用虚箭线表示，其作业时间为零。虚工作在双代号网络图中表示某项工作必须要在另一项工作结束之后才能开始。例如，在图14-7所示的网络图中，虚工作③→④、⑤→⑥分别表示工作④→⑥必须在工作②→③和②→④两项都完成后才能开始，工作⑥→⑦必须在工作③→⑤和④→⑥两项都完成后才能开始。虽然虚工作并非真实的工作，但它在双代号网络图中却起着十分重要的作用，在许多情况中，可以说离开了虚工作就无法正确地表达各工作之间的逻辑关系，也就无法正确地绘制出双代号网络图。华罗庚曾风趣地指出，"网络图一看就懂，一画就错"，

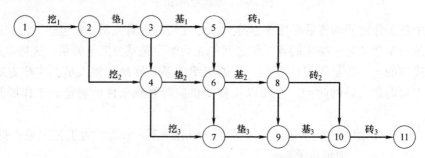

图14-7 逻辑关系有误的双代号网络图

错误往往就出在虚工作不能正确使用上。下面仍以图 14-7 所示的例子来说明虚工作的作用。如果该基础工程按三个施工段组织流水施工，网络图若画成图 14-7 所示的形式是不正确的。

图中单从三个施工段上分别看（横向关系），各段中工作之间的关系是正确的。但是把三个施工段上的工作都联系起来看（纵向关系）就有问题。由于图中虚工作使用不当，使本来无必然联系的"挖$_3$"与"垫$_1$"、"垫$_3$"与"基$_1$"、"基$_3$"与"砖$_1$"发生了联系，导致了逻辑关系的错误。正确的网络图应如图 14-8 所示。

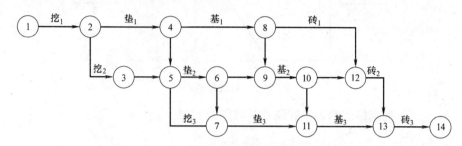

图 14-8　逻辑关系正确的双代号网络图

图中由于另外增加了三项虚工作③→⑤、⑥→⑨、⑩→⑫这样就既保持了"垫$_2$"与"挖$_2$"、"基$_2$"与"垫$_2$"、"砖$_2$"与"基$_2$"之间的联系，又割断了"挖$_3$"与"垫$_1$"、"垫$_3$"与"基$_1$"、"基$_3$"与"砖$_1$"之间的联系，使之符合正确的逻辑关系。这样的网络图，无论从横向（即本施工段内工作的流向）和纵向（即不同施工段上的相关工作的流向）来看，都是正确的。

从上面的叙述可知，在双代号网络图中，虚工作起着联系、区分和断路的作用。

（2）节点

在双代号网络图中，节点（即前后工作的交点）标志着前面工作的结束和后面工作的开始。节点与工作不同，它既不消耗时间也不消耗资源，只表示前后工作交接过程的出现，因此也称为事件。

网络图的第一个节点叫做起点节点，表示一项计划的开始，最后一个节点叫做终点节点，表示一项计划的结束，其余节点都称为中间节点。任一个中间节点既是其紧前各工作的结束节点，同时也是其紧后各工作的开始节点。

为了叙述和检查方便，节点应编上整数号码，称为节点编号。节点编号的要求和方法一般为：从前向后，由小到大，箭头的号码大于箭尾号码，编码可以连续，也可以不连续，如编成 1、3、5…，或 2、4、6…。以便于因需要在网络图中增加工作时不致打乱全图的编号。此外，在同一个网络图中不能有相同的节点号码出现。

（3）线路

1）线路和线路时间。

网络图中从起点节点开始，沿箭杆方向连续通过一系列箭杆和节点，最后到达终点节点的通路，称为线路。线路可依次用该线路上的节点号码来表示，也可依次用该线路上的工作名称来表示。

通常，一个网络图中有许多条线路，线路上各项工作持续时间的总和称为该线路的长度或称为线路时间。它表示完成该线路上的所有工作需耗用的时间。其计算可按下式进行：
$$T_S = \sum D_{i-j} \tag{14-3}$$

式中，T_S 为第 S 条线路的时间；D_{i-j} 为第 S 条线路上工作 $i-j$ 的持续时间。

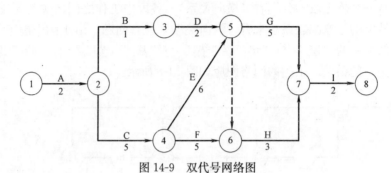

图 14-9 双代号网络图

图 14-9 所示的网络图的各条线路及其线路时间如下：

第 1 条：① $\xrightarrow{A}$ ② $\xrightarrow{B}$ ③ $\xrightarrow{D}$ ⑤ $\xrightarrow{G}$ ⑦ $\xrightarrow{I}$ ⑧ $\quad T_1 = 12$ 天
$\qquad\qquad\;\; 2\quad\;\; 1\quad\;\; 2\quad\;\; 5\quad\;\; 2$

第 2 条：① $\xrightarrow{A}$ ② $\xrightarrow{B}$ ③ $\xrightarrow{D}$ ⑤ $\to$ ⑥ $\xrightarrow{H}$ ⑦ $\xrightarrow{I}$ ⑧ $\quad T_2 = 10$ 天
$\qquad\qquad\;\; 2\quad\;\; 1\quad\;\; 2\quad\; 0\quad\;\; 3\quad\;\; 2$

第 3 条：① $\xrightarrow{A}$ ② $\xrightarrow{C}$ ④ $\xrightarrow{E}$ ⑤ $\xrightarrow{G}$ ⑦ $\xrightarrow{I}$ ⑧ $\quad T_3 = 20$ 天
$\qquad\qquad\;\; 2\quad\;\; 5\quad\;\; 6\quad\;\; 5\quad\;\; 2$

第 4 条：① $\xrightarrow{A}$ ② $\xrightarrow{C}$ ④ $\xrightarrow{E}$ ⑤ $\to$ ⑥ $\xrightarrow{H}$ ⑦ $\xrightarrow{I}$ ⑧ $\quad T_4 = 18$ 天
$\qquad\qquad\;\; 2\quad\;\; 5\quad\;\; 6\quad\; 0\quad\;\; 3\quad\;\; 2$

第 5 条：① $\xrightarrow{A}$ ② $\xrightarrow{C}$ ④ $\xrightarrow{F}$ ⑥ $\xrightarrow{H}$ ⑦ $\xrightarrow{I}$ ⑧ $\quad T_5 = 17$ 天
$\qquad\qquad\;\; 2\quad\;\; 5\quad\;\; 5\quad\;\; 3\quad\;\; 2$

2) 关键线路和关键工作。

在一个网络图中，总的持续时间（或工期）最长的线路为关键线路。它控制计划的进度，决定了计划的总工期。在图 14-9 中共有 5 条线路，其中，第 3 条线路总持续时间最长，故为关键线路。关键线路在网络图上一般用粗箭杆或双箭杆来表示。一个网络图中至少有一条关键线路，也可能同时出现几条关键线路，这几条线路上总的持续时间是相同的。关键线路越多，按计划工期完成任务的难度就越大，故一个网络计划中不宜有过多的关键线路。

位于关键线路上的工作称为关键工作，关键线路上的节点称为关键节点。图 14-9 中的关键工作为 A、C、E、G、I，关键节点为 1、2、4、5、7、8。

3) 非关键线路和非关键工作。

在一个网络图中，关键线路以外的线路通称为非关键线路，关键工作以外的工作通称为非关键工作。非关键线路上的工作既有关键工作，也有非关键工作。图 14-9 所示的网络图中除了一条关键线路外，其余四条均为非关键线路。

在所有的非关键线路中，最接近关键线路长度的线路有时也称为次关键线路，如图 14-9 中工期为 18 天的第 4 条线路就是次关键线路。

网络计划的关键线路不是一成不变的，在一定条件下，关键线路和非关键线路可以互相转化。比如，缩短了某些关键工作的持续时间，或者延长了某些非关键工作的持续时间，就有可能使关键线路增加或发生转移。

14.2.6 单代号网络计划技术

1. 普通的单代号网络计划

单代号网络图也是由节点、箭杆和线路组成的，但构成单代号网络图的基本符号的含义与双代号网络图不尽相同。与双代号网络图相比，单代号网络图简便，逻辑关系明确，没有虚箭杆，便于检查修改。各种搭接网络、组合网络以及一些随机型网络大多是以单代号网络为基础发展起来的，尤其是随着计算机在网络计划中的应用不断扩大，国内外对单代号网络计划逐渐重视起来。

(1) 单代号网络图的概念

在单代号网络图中，用一个圆圈或方框代表一项工作，并将工作的代号、工作的名称和工作的持续时间标注在圆圈或方框内。工作之间的关系用实箭杆表示，它既不消耗时间，也不消耗资源，只表示各项工作间的逻辑关系，这种表示方法通常称为单代号表示法，如图 14-10 所示。

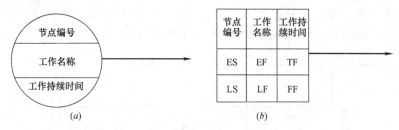

图 14-10　单代号网络图表示方法示意图

(2) 单代号网络图

把完成一项计划所需要进行的各项工作，根据它们的先后顺序和相互关系用单代号表示法从左向右绘制而成的图形，称为单代号网络图。因工作是用节点表示的，所以单代号网络图又称为节点式网络图。

节点和线路是组成单代号网络图的两个基本要素。相对于同一根箭杆而言，箭尾节点称为紧前工作，箭头节点称为紧后工作。由网络图的起点节点出发，顺着箭杆方向到达终点节点，中间经由一系列节点和箭杆所组成的通路称为线路。同双代号网络图一样，线路也分关键线路和非关键线路。其性质和线路时间的计算方法均与双代号网络图相同，图14-11 是一个简单的单代号网络图。

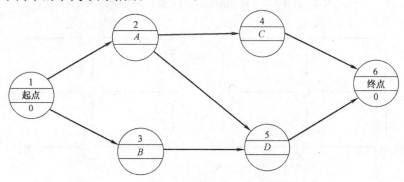

图 14-11　单代号网络图示例

从图 14-11 可以看出，单代号网络图具有以下特点：

(1) 单代号网络图用节点及其编号表示工作，而箭杆仅表示工作间的逻辑关系。

(2) 单代号网络图作图简便，图面简洁，由于没有虚箭杆，产生逻辑关系错误的可能较小。

(3) 单代号网络图用节点表示工作，没有长度概念，不够形象，也不便于绘制时标网络计划。

(4) 单代号网络图更适合用电子计算机进行绘制、计算、优化和调整。

2. 单代号搭接网络计划

前面各章节所介绍的网络计划有一个共同的特点，那就是组成网络计划的各项工作之间的连接关系均为紧前工作完成之后紧后工作才能开始的前后衔接关系。而在实际的工作中，为了缩短工期，往往将一些工作安排成搭接一段时间而进行的搭接关系。

比如，一项计划包括 A、B、C 三项工作，拟按三个流水段组织成流水作业，若用普通的双代号网络图或单代号网络图来表达此项计划，就必须把 A、B、C 这三项工作再分别分解成三项工作。即：A 分解为 A_1、A_2、A_3；B 分解为 B_1、B_2、B_3；C 分解为 C_1、C_2、C_3。据此绘制的双代号网络图和单代号网络图如图 14-12 和图 14-13 所示。

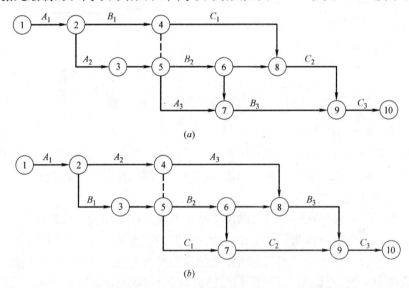

图 14-12 普通的双代号网络图
(a) 按流水段排列的双代号网络图；(b) 按工序排列的双代号网络图

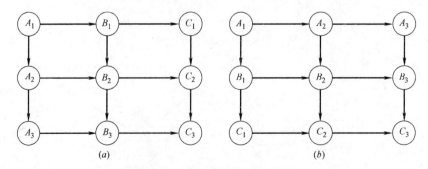

图 14-13 普通的单代号网络图

从以上几个图中看出，为了表达工作间的这种搭接关系，计划中的工作数目成倍增加，箭杆数和节点数也增加了许多，致使图形复杂，时间参数计算量也很大。况且，在很多情况中，前后工作的搭接关系，还不仅仅只限于这种开始到开始的时间关系。尤其是作为上层的管理部门编制轮廓性、指导性或控制性的网络计划时，往往资料不全，编制时间仓促，显得更加困难，因此影响了网络计划技术进一步在更大的范围内推广和应用。

从20世纪60年代中期以来，北美和欧洲的许多学者进行了大量的研究，相继开发出多种新型网络计划，其中包括既能反映各种搭接关系，又能克服传统网络计划技术的缺点，且较简单易行的搭接网络计划技术。尽管目前各国所定的名称、表达方式、某些概念和计算公式不尽相同，但其基本原理和内容大同小异，是传统网络计划技术的进一步发展。

搭接网络计划的形式多采用以节点表示工作的单代号表示法。工作、搭接时距（关系）和线路是组成搭接网络计划的三个基本要素。其主要特征表现在，把工艺网络和最优组织网络相结合，既反映了工作之间的工艺顺序、又反映出最优的组织顺序。

常见的几种基本搭接关系如图14-14所示。

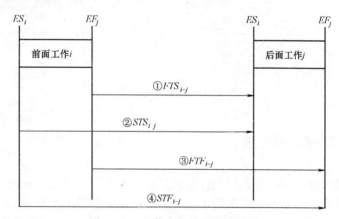

图14-14 工作之间的搭接关系图

(1) 结束到开始的关系（FTS）

任何相邻的两项工作i和j，如果紧前工作i结束一段时间后，紧后工作j才能开始，两者间的连接关系称为结束到开始的关系，其搭接时距为结束到开始时距，以$FT5_{i-j}$表示。当$FTS_{i-j}=0$时，则相邻两工作就变为普通衔接关系。

(2) 开始到开始的关系（STS）

若紧前工作i开始一段时向后，紧后工作j才能开始，两者间的连接关系称为开始到开始的关系，其搭接时距为开始到开始时距，以STS_{i-j}，表示。当$STS_{i-j}=0$时，表明i和j是同时开始的工作。

(3) 结束到结束的关系（FTF）

若紧前工作i结束一段时间后，紧后工作j也必须结束，两者间的连接关系称为结束到结束的关系，其搭接时距为结束到结束时距，以FTF_{i-j}表示。若$FTF_{i-j}=0$，表明i和j是同时结束的工作。

(4) 开始到结束的关系（STF）

若紧前工作 i 开始一段时间后，紧后工作 j 必须结束，两者间的连接关系称为开始到结束的关系，其搭接时距为开始到结束时距，以 STF_{i-j} 表示。

(5) 混合搭接关系

在任何相邻的两项工作 i 与 j 之间，如果同时存在上述四种连接关系中的任何两种，称为混合搭接关系。其组合形式有六种，一般相邻工作间的混合搭接时距以 STS_{i-j}、与 FTF_{i-j} 及 FTS_{i-j} 与 FTF_{i-j} 并存的双重时距关系为多，如图 14-15 中所示。

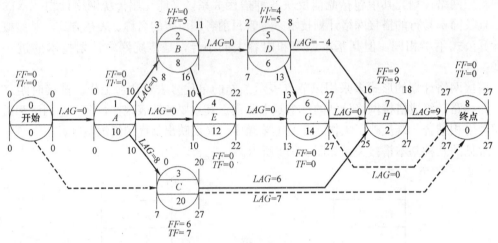

图 14-15　搭接网络计划

14.3　常用吊装机械运用方法

起重机在吊装工程中的任务是把构件起吊到设计位置安装固定，它的选择与开行是吊装方案的决定因素，对吊装方法、吊装工期、工程造价等有很大的影响。

14.3.1　起重机的种类

起重机的类型有拔杆式、自行臂式和塔桅式、屋面吊等。前两种是单层厂房吊装中用得比较多的。

1. 拔杆式起重机

拔杆是一种简单的起重机械，它在使用中必须与卷扬机配合。它具有制作简单、装拆方便、起重量大和对设立点要求不高等优点，所以在大型起重机械遇到现场环境无法工作；地面不好，无法支撑；道路限制，无法进场；工作量少，经济效益差；高度与吨位大，不能胜任等情况时经常地被采用。但是，由于拔杆的灵活性差，移动比较困难，且需设缆风绳，所以在吊装工作量比较集中的地方使用比较合适。拔杆式起重机可分为：独脚拔杆、人字拔杆、悬臂拔杆和牵缆式拔杆起重机。

(1) 独脚拔杆

独脚拔杆可用木料或金属材料制造。它适用于预制柱、梁和屋架等构件的吊装。独脚拔杆由拔杆、起重滑轮组、卷扬机、缆风绳和锚锭等组成（图 14-16）。

在使用中，独脚拔杆应保持一定的倾角 β，但 β 不得大于10°，以便吊装构件时，不致撞击拔杆。拔杆的底部要设置拖子，供移动时使用。拔杆的稳定主要依靠缆风绳，绳的一端固定在拔杆顶端，另一端固定在锚锭上。缆风绳的多少，应根据起重量、起重高度以及绳索的强度而定，一般为6~12根，且不得少于5根，缆风绳多用钢丝绳，起重量小的木独脚拔杆也可用麻绳。

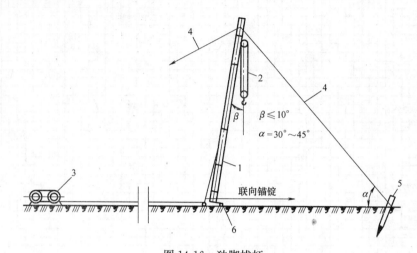

图 14-16　独脚拔杆
1—拔杆；2—起重滑轮；3—卷扬机；4—缆风绳；5—缆风绳锚锭；6—拖子

1) 木独脚拔杆。

通常用一根圆木做成，起重高度一般为8~15m，起重量在3~10t之间。表 14-4 是木独脚拔杆的技术性能，可供初选拔杆断面之用。

木独脚拔杆初步选择参考表　　　　表 14-4

起重能力 (t)	拔杆高度 (m)	圆木小头直径(mm)	缆风绳直径 (mm)	滑轮组			卷扬机牵引力(t)
				钢丝绳直径 (mm)	滑轮数量		
					上部	下部	
3	8.5	200	15.5	11.5	2	1	1.5
	11.0	220					
	13.0	220					
	15.0	240					
5	8.5	240	15.5	15.2	2	1	3
	11.0	260	20.0				
	13.0	260	20.0				
	15.0	270	20.0				
10	8.5	300	21.5	17.0	3	2	3
	11.0	300					
	13.0	310					

注：表中数值系按滑轮组偏心距计算而得。

2) 钢独脚拔杆。

钢独脚拔杆有管式和格构式两种。

① 管式独脚钢拔杆，起重量可达 45t，起重高度可达 30m，表 14-5 是有关资料，可供选择时参考。

管式独脚钢拔杆选择表　　　　　表14-5

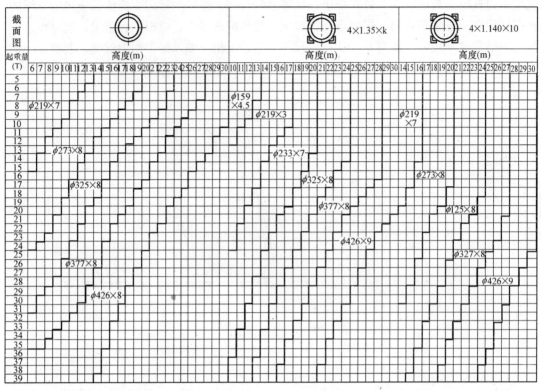

注：拔杆工作时，β 不得大于 $10°$。

② 格构式独脚钢拔杆，一般是用四个角钢由横向和斜向缀条联系而成，断面多为正方形，起重量可达 100t，起重高度可达 75m，表 14-6 是有关技术资料，可供选择时参考。

格构式独脚钢拔杆初步选择参考表　　　　　表14-6

分类		1	2	3	4	5	6
拔杆截面(mm)	中间	450×450	650×650	650×650	900×900	1000×1000	750×750
	端部	250×250	350×350	450×450	600×600	700×700	450×450
角钢截面	主肢	L65×8	L75×10	L75×12	L90×12	L100×12	L100×12
	缀条	L30×4	L50×5	L50×5	L50×5	L50×5	L50×5
Q:起重量(t) H:拔杆高度(m) G:拔杆自重(t)		Q　H　G 5　30　2.2 10　22.5　1.8 15　15　1.3	Q　H　G 10　35　4.6 12　30　4 14　27.5　3.8 17　22.5　3.2 19　20　3 22　15　2.5	Q　H　G 15　30　4.4 20　25　3.7 25　20　3.0 30　15　2.3	Q　H　G 20　40　10.1 25　32　8.6 27　30　8.4 29　25　7.1 30　22　6.9 33　15　5.4	Q　H　G 25　40　9.7 30　35　8.7 35　30　7.7 30　25　7.1 45　20　6.1	Q　H　G 30　30　5.4 36　22.5　4.4 38　15　3.3
分类		7	8	9	10	11	12
拔杆截面(mm)	中间	1200×1200	1200×1200	1200×1200	1570×1570	1500×1500	1600×1600
	端部	800×800	800×800	800×800	910×910	900×900	1000×1000

续表

分类		7	8	9	10	11	12
角钢截面	主肢	L130×12	L150×12	L200×16	φ168×11 钻杆45号钢	4(400×18)	4(400×30)
	缀条	L65×6	L65×6	L100×8	L89×5	二面L120×12 二面1464× 12板	二面L150×16 二面1540× 24板

	Q	H	G	Q	H	G	Q	H	G	Q	H	G	Q	H	G	Q	H	G
Q:起重量(t) H:拔杆高度(m) G:拔杆自重(t)	40	45	15.5	50	45	15	100	40	21	150	50	40	200	56	58	350	64	107
	45	40	13															
	50	35	12.9															
	55	30	11.3															
	60	25	10.5															
	65	20	8.8															

（2）人字拔杆

一般是用两根杆件（木或钢）以钢丝绳绑扎或铁件铰接而成（图14-17）。

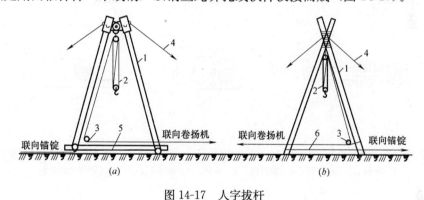

图14-17 人字拔杆
(a) 铁件铰接；(b) 钢丝绳绑扎
1—拔杆；2—起重滑轮组；3—导向滑轮；4—缆风绳；5—拉杆；6—拉绳

人字拔杆的底部设有拉杆（或拉绳），以平衡拔杆本身的水平推力，两杆间所成夹角30°为宜。其中，一根拔杆的底部装有一导向滑轮，起重索通过它连到卷扬机，另用一钢丝绳连接到锚锭。这样才能保证在起重时人字拔杆底部稳固。人字拔杆是向前倾斜的，在后面用两根缆风绳，左右各一根，必要时前面可增加一根。当拉力很大时，后面的缆风绳可设置滑轮组。人字拔杆起重量大，稳定性也较好，可用于吊装重型柱等构件。

（3）悬臂拔杆

在独脚拔杆的中部或三分之一高度处装上一根起重臂，即成悬臂拔杆。它的特点是能够获得较大的起重高度和相应的起重半径。起重臂还能左右摆动（120°～270°），这为吊装工作带来较大的方便。悬臂拔杆的几种形式和主要节点构造见图14-18。

（4）牵缆式拔杆

牵缆式拔杆（图14-19）不仅起重臂可以起伏，而且整个机身可作360°回转。因此，能把构件吊送到有效起重半径内的任何空间位置。它的起重量一般为15～60t，多用于构件多而集中的建筑物的吊装或金属结构加工厂的起重作业，这种起重机需要设置较多的缆风绳。

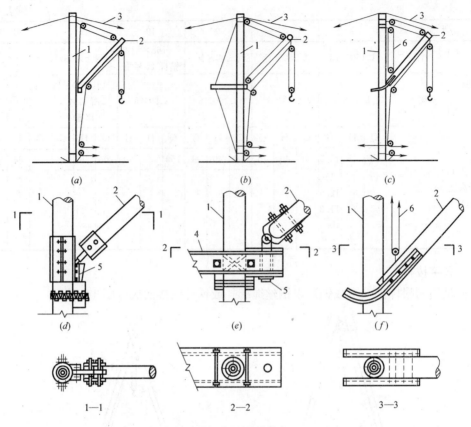

图 14-18 悬臂拔杆

(a) 一般形式；(b) 起重臂可沿拔杆升降；(c) 带有加劲杆；(d)、(e)、(f) 三种拔杆中部铰接的节点构造简图
1—拔杆；2—起重臂；3—缆风绳；4—槽钢；5—销子；6—升降起重杆的滑轮组

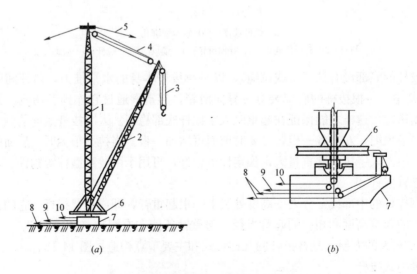

图 14-19 牵缆式拔杆起重机
1—拔杆；2—起重臂；3—起重滑轮组；4—变幅滑轮组；5—缆风绳；6—回转盘；7—底座；
8—回转索；9—起重索；10—变幅索

2. 自行臂式起重机

自行臂式起重机是建筑安装工程中用得最多、最广泛的起重机。它具有以下特点：

(1) 具有高度的灵活性，不仅能有效地服务于架设安装各种工程对象，且可服务于整个工地现场。

(2) 起重高度大，起重臂长度从数十米至百米乃至200m以上，因而可从一个停放点服务于很大的工作区域。

(3) 工作快速，能将重物在空间内向任何一个方向以很快的速度自行移动。

(4) 起重机一般整机出厂，不需要在工地装拆，使用很方便。

(5) 稳定性小，必须把起重机稳定地支承在可靠的随机支腿上。

(6) 起重机自重大，对道路和设定点要求较高。

(7) 起重机的构造较复杂，维修不方便。

(8) 起重机的成本高，使用费比较贵。

自行臂式起重机可分为：履带式起重机、轮胎式起重机、汽车式起重机与铁路式起重机四种。前三种在建筑安装工程中使用较多，后一种只有在施工现场筑有永久性铁路的条件下，才考虑采用。随着我国起重运输机械的发展和国外先进技术的引进，自行臂式起重机的系列和类型越来越多，其规格和性能均有说明书和标牌注明，在选用时应仔细阅读起重机的技术性能表。

(1) 履带式起重机具有越野性能好，爬坡能力大，牵引力大，可吊重行驶，可变换工作装置多种作业，对工作地面要求不高，但对道路破坏大，不便长距离移运等特点。

(2) 轮胎式起重机具有越野性能较好，可吊重行驶，可全周作业，对工作地面要求高、对道路要求高、不便长距离移运等特点。

(3) 汽车式起重机具有机动性好，便于长距离移运，越野性能差，对工作地面要求高等特点。

(4) 轮胎式和汽车式起重机，其起重工作装置均系安装在轮胎底盘上的自行的回转式起重机械，故又统称为轮式起重机。这类起重机有两种稳定性：转移时的行驶稳定性和工作状态下的起重稳定性，使用时均应考虑。

3. 塔桅式起重机

塔桅式起重机是用行走式塔式起重机改装成的一种起重机，主要是增设一根"落地"吊杆和数根缆风绳以增大起重机的起重量，吊装重的构件；而吊装轻型构件时，即收起缆风绳和"落地"吊杆，作为普通的行走式塔式起重机使用。

如图14-20所示为用QT_{8-6}型塔式起重机改装成的50t塔桅式起重机，表14-7为塔桅式起重机的性能。

4. 屋面吊

屋面吊专用吊装屋面板，有少先吊和台灵架。

台灵架可用圆木或钢管做成，起重能力在2t以下，起重臂长7～9m，水平角可回转150°，仰角起伏45°～70°，停在一个位置可吊装1.5m×6.0m的大型屋面板6～8块。

图 14-21 所示为台灵架的构造。表 14-8 为 2t 的台灵架所需的主要材料和索具设备。

塔桅式起重机技术性能　　　　　　表 14-7

	起重臂			起重量 (t)	起重半径 (m)	起重高度 (m)	起重臂水平摆动角度	锚碇至起重机中心距离(m)	缆风绳参数			
	位置	长度 (m)	仰角						根数	水平夹角	单根最大拉力 (t)	总拉力 (t)
桅式部分	在轨道侧面	33	73°	50	12	30	左30°右	15	7	20°	10	38.8
			70°	43	14	29.4						
			65°	34	16.6	28.3						
			60°	28	19.1	26.9						
			55°	23.5	23.7	25.4						
			50°	20.3	23.7	23.8						
			45°	17.8	25.9	21.7						
塔式部分	臂长 6m			15.0	5.0	36.0	可不带缆风绳					
				12.2	6.0	36.0						
	臂长 15m			5.5	10.9	45.49						
				4.0	15.0	39.24						
	臂长 20m			4.0	15.0	48.49						
				3.0	20.0	39.89						

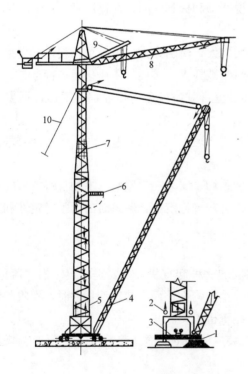

图 14-20　用 QT$_{8-6}$ 型塔式起重机改装成 50t 塔桅式起重机

1—桅杆座千斤顶；2—1t 电动卷扬机 7 台（紧缆风用）；3—压铁平台及桅杆座；4—50t 起重吊钩；5—下操纵室；6—50t 吊杆保持架；7—上操纵室；8—原 2-6t 吊杆；9—15t 短吊杆；10—吊 50t 时使用的缆风绳

14.3.2 起重机的选择

1. 起重机选择原则

在选择起重机时，大致上可以按照以下几个因素来考虑：

（1）建筑物的外形尺寸，如建筑物的面积、高度、形状等。

（2）安装构件的外形、尺寸、重量和安装标高，如屋架有多重，是拱形的还是梯形的，跨度是多少，屋架的高度和安装标高为多少等。

（3）安装工作面、工程量和施工进度等。

（4）安装现场的情况，如道路、地面、能源等。

（5）起重机的供求情况。

（6）起重机的技术性能，如起重量、工作半径和起吊高度等。

综合考虑上述及其他因素，就可以选择一种比较适合于工程的起重机。在实际工作中，更多的是对现有起重机的验算。

2. 起重机的主要工作参数

起重机的主要工作参数为起重量、工

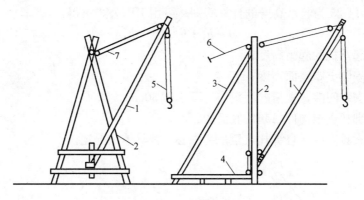

图 14-21 台灵架的构造
1—吊杆；2—人字立柱；3—支撑；4—底座；5—起重滑车组；6—缆风绳；7—吊杆起伏滑车组

台灵架需用的主要材料和索具设备　　　　　　　　表 14-8

编号	名　称	规　格	单位	数量	说　明
1	立柱	梢径 Φ16cm、长 7m	根	2	长度按实际情况决定
2	吊杆	梢径 Φ16cm、长 9m	根	1	
3	支撑	梢径 Φ10cm	根	2	
4	底座纵向木	12cm×10cm×500cm	根	2	
5	底座横向木	12cm×10cm×300cm	根	2	
6	滑车	单门	只	5	包括开口滑车
7	滑车	双门	只	3	
8	缆风	Φ12.5mm、长 25m	根	3	
9	起重钢丝绳	Φ15.5mm	根	1	长度按实际情况决定
10	卷扬机	手摇或电动（双卷筒）	台	1	

作半径和起重高度。下面以自行臂式起重机为例作具体介绍。

(1) 起重机的起重量。是根据安装最大重量的构件来决定，并且还要根据起重机的工作半径和起重机的停放位置的不同作最后的核定。在确定起重量时，应考虑起重加速力、叠层粘结力和索具重量等，一般取 1.5 倍构件自重，即 Q' 起重量 $\geqslant 1.5Q_r'$（构件自重）。

(2) 起重机的工作半径。是根据建筑物的尺寸、不同重量的构件在建筑物中的位置、运输道路和起重机能够接近建筑物的距离等来考虑。图 14-22 为起重机工作半径的计算简图，可用下面公式求得：

$$R \geqslant a+b+c+d \tag{14-3}$$

式中　R——起重机的工作半径；
　　　a——起重机旋转轴至起重臂下轴的中心距；
　　　b——起重臂下轴的中心至构件端顶面水平线与起重臂中心线交点的距离，用图解法求（起吊后安装时的工作空隙应大于 30m）；
　　　c——构件端顶至起重臂中心线的最短距离（一般大于 1m）；
　　　d——构件起吊中心线至构件边缘的距离。

(3) 起重机的起吊高度。起吊高度是根据起吊构件的高度（或者是构件安装的标高）

来决定的。图 14-23 为起吊高度的计算简图，可用下面公式求得：

$$H \geqslant h_1 + h_2 + h_3 + h_4 \tag{14-4}$$

式中 H——起重机的起吊高度；

h_1——安装支座表面高度；

h_2——安装间隙，视情况而定，但不小于 30cm；

h_3——绑扎点至构件吊起后底面的距离；

h_4——索具高度，自绑扎点至吊钩中心，视具体情况定。

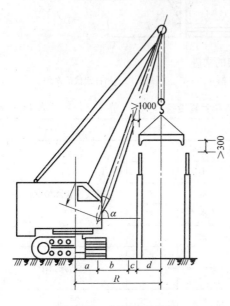

图 14-22 起重半径计算

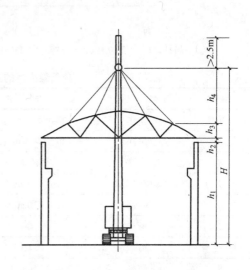

图 14-23 起吊高度的计算简图

在求得起重机所需的起吊高度以后，就可以用图解法求得要满足这一起吊高度的起重机的起重臂长。吊钩中心至起重臂顶的最小高度，一般取 2.5m。

因为起重机的起重量、工作半径和起吊高度是互相影响的，所以在选择时必须综合地加以考虑，才能选用最合适的起重机。

14.3.3 起重机的开行

起重机的开行路线与停机位置、起重机的性能、构件的尺寸及重量、构件的平面布置、构件的供应方式、吊装方法等许多问题有关，应视具体情况来确定。

当吊装屋架、屋面板等屋面系统构件时，起重机大多沿跨中开行。每一节间停机一次。如跨度较大，则要视具体情况来定。

当吊装柱时，视跨度大小、柱的尺寸与重量、起重机性能等，可沿跨中或跨边开行，可采用每个停机点吊一根或两根或四根。

当 $R \geqslant L/2$ 时，起重机可沿跨中开行，每个停机位置可吊装两根柱子[图 14-24（a）]。

当 $R \geqslant \sqrt{\left(\dfrac{L}{2}\right)^2 + \left(\dfrac{b}{2}\right)^2}$ 时，可吊装四根柱子[图 14-24（b）]；

当 $R < L/2$ 时，起重机需沿跨边开行，每个停机位置吊装一根柱子[图 14-24（c）]；

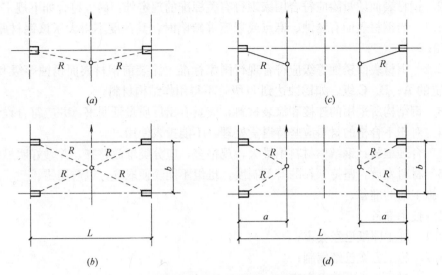

图 14-24 起重机吊装柱时的开行路线及停机位置

当 $R \geqslant \sqrt{a^2 + \left(\dfrac{b}{2}\right)^2}$ 时，可吊装两根柱子 [图 14-24 (d)]。

式中　　R——起重机的起重半径；

　　　　L——厂房跨度；

　　　　b——柱的间距；

　　　　a——起重机开行路线到跨边的距离。

当柱布置在跨外时，起重机一般沿跨外开行。停机位置与跨边开行相似。

14.4 钢结构工程施工组织设计实例

1　概述

连云港宏创精细化工有限公司一期原料工程项目钢结构制作安装量大约为 98t 左右。主要为 102 车间、103 车间、104 车间以及储罐区的钢平台以及各个区的设备支架，其中 102 车间约有 29t，103 车间约有 32t，104 车间约有 37t，储罐区约有 1.5t，型钢有角钢约为 20t，槽钢约为 40t，其他材料约为 38t。

2　编制依据

2.1 《钢结构工程施工及验收规范》(GB 50205—2001)

2.2 《建筑钢结构焊接规程》(JGJ 81—2002)

2.3 《石油化工钢结构工程施工及验收规范》(SH 3507—1999)

2.4 《结构安装工程施工操作规程》(YSJ 404—1989)

3　材料检验和管理

材料进货、检验程序要按公司的质量保证体系文件运行。对于钢结构框架中所使用的材料应满足如下要求：

3.1 所有钢材应具有质量证明书，并应符合设计的要求。当对钢材的质量有疑义时，应按国家现行有关标准的规定进行抽样检验。

3.2 钢材表面质量除应符合国家现行有关标准的规定外，尚应符合如下规定：

3.2.1 当钢材表面有锈蚀、麻点或划痕等缺陷时，其深度不得大于该钢材厚度负偏差的 1/2；

3.2.2 钢材表面锈蚀等级应符合现行国家标准《涂装前钢材表面锈蚀等级和除锈等级》规定的 A、B、C 级。如锈蚀达到 D 级，不得用作结构材料。

3.3 钢结构所采用的连接和涂装材料，应具有出厂质量证明书，并应符合设计要求。

3.4 对于不合格的材料应坚持退货处理，不能投入使用。

3.5 合理堆放：钢结构材料用量大，规格多，应分类堆放整齐，并做好明显标记。

3.6 材料发放：坚持领料的有关制度，班组不能随便取拿，以防用错。

4 施工前的准备

4.1 技术准备

4.1.1 施工图纸已经会审；

4.1.2 施工方案已经编制；

4.1.3 对班组进行技术交底。

4.2 现场准备

4.2.1 现场道路已经畅通；

4.2.2 现场预制厂已经准备就绪，包括钢平台搭设、机具布置、堆放场地等；

4.2.3 施工用的工器具已备齐。

5 钢结构的制作

5.1 钢材矫正

5.1.1 钢材在下料前和拼接后的变形，超过技术要求时，均应进行矫正。

5.1.2 矫正方法和矫正工具应根据钢材变形位置、程度和材料品种进行选取。

薄板与厚度小于 12mm 的中板以及小规格型钢，宜用手工矫正。

大规格的型钢矫正变形，宜用型钢调直机进行。

5.1.3 对于型钢材料采用冷矫正。冷矫正在常温下进行，工作环境温度不得低于-16℃。

5.1.4 钢材矫正后的允许偏差（mm），见表 14-9。

钢材矫正后允许偏差　　　　表 14-9

项　目		允　许　偏　差(mm)
钢板的局部不平度	$t \leqslant 14$	1.5
	$t > 14$	1.0
型钢弯曲矢高		$L/1000$ 5.0
角钢肢的垂直度		$b/100$ 双肢栓接角钢的角度不得大于 90°
槽钢翼缘对腹板的垂直度		$b/80$
工字钢、H 型钢翼缘对腹板的垂直度		$B/100$ 2.0

5.2 放样和号料

为了保证尺寸的准确，钢结构构件及节点应经实际放样号料后方能下料制作（下料时应预留焊接的收缩量和加工余量），框架上设备支座孔应与设备实体核对后方能制作，安装螺栓孔其相对尺寸经放样后决定。

5.3 构件标识

所有钢结构下料后，不同品种、规格的零件，须分别堆放，明确标识，不得混放。

5.4 切割

5.4.1 板材采用氧－乙炔火焰切割或剪板机切割。

5.4.2 型钢类可采用砂轮切割机或氧-乙炔火焰切割。

5.4.3 切割后应清除边缘上的氧化铁和飞溅物。

5.5 制孔

5.5.1 制孔机械选择：孔的加工视具体情况分别采用钻床、磁座钻钻孔。

5.5.2 精度要求：

Ⅰ类孔（A、B级）：应具有H12的精度，孔壁表面粗糙度$Ra=12.5\mu m$。

Ⅱ类孔（C级）：孔壁表面粗糙度$Ra=25\mu m$。

C级螺栓孔的允许偏差见表14-10。

C级螺栓孔允许偏差　　　　　　　　　　　表14-10

项目	允许偏差(mm)	项目	允许偏差(mm)
直径	+1.0 0	圆度	2.0
		垂直度	$0.03t$且不大于2.0

5.6 组装

组装前，零件、部件应经检查合格，合格后开始组装。焊接连接组装的允许偏差应符合表14-11规定。

焊接连接允许偏差　　　　　　　　　　　表14-11

项　目	允许偏差(mm)	项　目		允许偏差(mm)
对口错边(Δ)	$t/10$且不大于3.0	中心偏移(e)		±2.0
间隙(a)	±1.0	型钢错位	连接处	1.0
搭接长度(a)	±5.0		其他处	2.0
缝隙(A)	1.5	箱形截面高度(h)		±2.0
高度(h)	±2.0	宽度(b)		±2.0
垂直度(Δ)	$b/100$且不大于2.0	垂直度(Δ)		$b/100$且不大于3.0

5.7 柱的加工（H型钢）

5.7.1 立柱采用分段制作，现场组对，每一节的长短视材料长短而定，接头处应避开支撑的牛腿（错开50mm以上）。

5.7.2 柱端部加工：

柱脚端部应磨平，其允许偏差：不平度0.3mm，倾斜度不大于1/1500。

在腹面板及翼缘上均加补强板。

5.2.3 坡口形式，如图14-25所示。

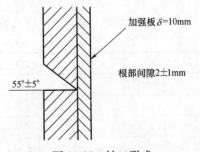

图14-25 坡口形式

5.8 横梁加工及装配

5.8.1 横梁下料后进行矫正，并根据图纸要求进行预制坡口和钻孔，其下料长度允许偏差±2mm，孔距允许偏差±1mm。

5.8.2 装配加强筋和次梁连接板，装配时焊接应牢固，其装配位置允许偏差±2mm。

6 构架立柱安装

6.1 基础验收

6.1.1 检查验收柱基础强度、标高、纵横中心线、预埋地脚位置等均应符合设计要求，并应做好验收记录。

6.1.2 放安装标高线和柱纵横中心线。

6.1.3 基础表面铲麻面，放垫铁处铲平，并安放垫铁。

6.2 钢结构的运输和存放

6.2.1 钢结构应根据现场的安装顺序，合理组织运输。

6.2.2 运输钢结构时，应根据实际情况采取适当的加固和防护措施，保证构件不产生变形，不损坏涂层。

6.2.3 钢结构存放地点应平整坚实，无积水。钢结构应按种类、编号、安装顺序合理堆放；钢结构底层垫枕木应有足够的支承面，防止下沉，并应防止产生压坏和变形现象。

6.3 检查和矫直

6.3.1 构件在组装前应对其主要尺寸、编号、方向进行核对，柱、梁应逐一进行矫直、自检，并做好记录。

6.3.2 组装顺序（吊装顺序），将根据施工图编制。

6.3.3 钢结构的梁、柱、支撑等主要构件安装就位后，应立即进行校正和固定。当天安装的钢结构应形成稳定的空间体系。

6.3.4 利用安装好的钢结构吊装其他构件和设备时，应征得设计部门、监理和业主同意，并应进行验算，采取相应措施。

6.3.5 钢结构安装时要考虑设备吊装的相互配合，必要时要根据设备吊装的要求调整钢结构的安装顺序。

6.3.6 连接和固定

1. 钢结构的连接接头，应经检查合格后方可紧固和焊接。
2. 螺栓孔不得采用气割扩孔。
3. 拼装前，应清除飞边、毛刺、飞溅物。

7 平台板、梯子、栏杆的安装

7.1 平台板铺设安装应牢固无松动。

7.2 梯子、栏杆接头应牢固，栏杆转角处应圆滑，扶手接头应修磨平整。

7.3 平台板、梯子、栏杆安装要求见表14-12。

安装允许偏差　　　　　　　　　　　　表14-12

项　目	允许偏差(mm)	项　目	允许偏差(mm)
平台标高	±10.0	承重平台梁垂直度	H/250且不大于15.0
平台梁水平度	L/1000且不大于20.0	栏杆高度	±10.0
平台支柱垂直度	H/1000且不大于15.0	栏杆立柱间距	±10.0
承重平台梁侧向弯曲	L/1000且不大于10.0	直梯垂直度	L/1000且不大于15.0

8 钢结构的焊接和焊接检验

8.1 焊接

8.1.1 焊工必须持证上岗。

8.1.2 焊条必须有质量保证书,并在施焊前按技术说明书规定的烘焙温度和时间进行烘焙;经烘焙后应放入保温筒随用随取。

8.1.3 焊工焊接时必须严格执行焊接工艺。

8.1.4 焊接时,应将焊缝每边 30～50mm 范围内的铁锈、毛刺和油污清除干净。

8.1.5 定位焊所采用的焊接材料型号,应与焊件材质相匹配;焊缝厚度不宜超过设计焊缝厚度的 2/3。

8.1.6 多层焊接宜连续施焊,每一层焊道焊完后应及时清理检查,缺陷清除后再焊。

8.1.7 焊成凹形的角焊缝,焊缝金属与母材间应平缓过渡;加工成凹形的角焊缝,不得在其表面留下切痕。

8.1.8 每焊完一条焊缝,都要敲掉药皮检查焊缝,如发现有缺陷,清除后再焊。

8.2 焊接检验

8.2.1 焊缝金属表面应均匀,不得有裂纹、焊瘤、烧穿、弧坑和针状气孔等缺陷,焊接后应清除飞溅物。

8.2.2 严禁在焊缝区以外的母材上打火引弧。

8.2.3 经检验(外观和内部)确定质量不合格的焊缝,应进行返修。返修次数不宜超过两次,如超过两次必须经过主管技术负责人核准后,方能按返修工艺进行。

8.2.4 焊缝质量检验,应按设计要求,并按国家标准《钢结构工程施工质量验收规范》(GB 50205—2001)执行。焊缝外观质量检验及允许偏差见表 14-13。内在质量检验按设计要求进行。

焊缝质量标准 表 14-13

项 目		质 量 标 准		
		一级	二级	三级
气孔		不允许	不允许	直径小于或等于 1.0mm 的气孔,在 1000mm 长度范围内不得超过 5 个
咬边	不要求修磨的焊缝	不允许	深度不超过 0.5mm,累计总长度不得超过焊缝长度的 10%	深度不超过 0.5mm,累计总长度不得超过焊缝长度的 15%
	要求修磨的焊缝	不允许	不允许	—

9 钢结构整体检测标准(表 14-14)

钢结构整体允许偏差 表 14-14

项 目	允许偏差(mm)	项 目		允许偏差(mm)
柱脚底座中心线对定位轴线的偏移	5.0	柱轴线垂直度	$H \leq 10m$	10.0
柱基准点标高	+5.0 −8.0		$H > 10m$	$H/1000$ 25.0
挠曲矢高	$H/1000$ 15.0			

10 钢结构防腐

钢结构制作安装完成后，表面必须除锈，除锈等级达 St3 级，涂二度底漆和二度面漆。油漆材料：底漆为铁红聚氨酯防腐底漆，干膜厚度为 60um，面漆为聚氨酯防腐面漆，干膜厚度为 60um。平台、支架、支座、扶梯油漆颜色为淡色，栏杆油漆颜色为淡黄色。

11 安全技术措施

钢结构的安装工作，高空作业较多，立体交叉吊装作业较多，现场施工人员必须严格遵守安全纪律、操作规程和安装顺序。

11.1 立柱、梁等钢构件按制定的吊装方案顺序进行吊装。

11.2 立柱框架吊装就位后，必须拴好缆风绳，锚点要稳固可靠，待系上锚点，立柱框架找正点焊牢固后，方可松下吊钩。

11.3 钢结构安装作业处下方必须有安全防护。

11.4 现场所有脚手架的搭设都应符合规定。

11.5 起重吊装作业应严格按吊装方案和起重吊装操作规程执行，各种起重机具，在作业前要认真进行检查，不能超载使用，系结点要反复检查，做到安全平稳起吊。

11.6 现场临时用电线路，均按正式工程要求施工，应符合有关的施工及验收规定。

11.7 各特殊工种上岗必须按规定持证上岗，标志明显，做到安全文明施工。

15 主要施工技术方案编制

15.1 施工技术方案的编写

施工技术方案属于施工组织设计的一部分。根据不同的施工对象和施工阶段，施工组织设计可分为总体施工组织设计、单项工程施工组织设计和分项工程施工组织设计三大类。其中单项或分项工程的施工组织设计又称为施工技术方案和专项技术措施。

正确选择施工方案是降低工程成本的关键所在。好的施工技术方案，是有效控制施工质量、进度、成本的先决条件，因此要求方案科学合理、严密可行，不同的环境条件、技术含量和工期要求，以及不同的地区、季节等因素，都是编制施工方案的重要依据。

施工技术方案应符合技术规范与合同条款的要求，体现设计意图，要求做到切实可行，技术和工艺先进，经济合理，能降低工程成本，提高工效，保证质量、安全和工期。施工技术方案是组织施工和编制工程中标后预算的依据，必须结合项目资源情况和工程实际在施工前制定。

施工技术方案中须包括安全与环保技术措施。方案编制前应对工程进行调查，了解工程概况、结构类型、工期质量要求、机具设备、施工技术条件和自然环境等资料，根据以往同类型工程施工的经验、教训，结合工程特点、薄弱环节及关键控制部位进行预测预控分析，制定出符合现场实际情况的安全与环保技术措施。

施工技术方案主要包括四方面内容：

1. 施工方法的确定

施工技术方案是各分部分项工程施工操作的具体指导性意见，如有多种施工方法可供选择时，应在作技术经济分析比较后，在若干个初步方案基础上进行筛选优化，择优选择合理而切实可行的施工方法，并明确一些具体问题并作逐一叙述。

2. 施工机具设备的选择和布置

根据施工方案所需的施工机具，选择符合工程实际情况的规格、型号和技术参数，确定机具设备的数量、进场时间和作业位置，统一安排与调配。

3. 施工工艺流程与主要分项工程施工方案

施工工艺流程是各部分工程或施工阶段的先后次序，主要是解决时间上的衔接问题，确定施工流水方向（即施工作业顺序）。工艺流程的合理确定，将有利于扩大施工作业面，组织多工种或立体流水作业，缩短施工周期和保证工程质量。

通常应编制流水施工网络计划，以工程量较大或技术上较复杂的分项工程为关键工序安排施工流向，其他分项随顺序安排，技术复杂、施工进度较慢、工期较长的部位或工段先行施工，有效解决交叉作业、工序衔接的问题。

对处于关键工序、特殊工序上的主要分项工程，要写出较详细的施工工艺与方法，以便更好地指导施工，为现场施工技术交底提供明细内容。

要努力寻求各种降低消耗、提高工效、降低成本的技术措施，积极采用"四新"技术，编制出先进、合理的技术方案。

4. 施工组织安排

根据施工工艺流程合理安排施工，使各工种劳动力、施工机械有机组合，施工进入流水作业的良性渠道。在确定施工流向分段时，还应使每段的工程量大致相等，使劳动组织相对稳定，各班组能持续均衡施工，减少停工和窝工。

15.2 施工技术方案的审核

项目总工审核施工技术方案应重点考虑以下几个方面的问题：

（1）审查所报施工技术方案的内容是否完整、合理，是否符合业主及监理工程师的要求。

（2）审查主要技术方案和施工工艺的技术可行性和经济合理性，是否符合工期要求。

（3）审查技术方案的施工工艺能否达到合同及规范的工艺要求及质量标准。

（4）审查方案中安全与环保技术措施的可行性和合理性。

（5）对施工技术方案中存在的问题提出修改建议。

（6）判断并确定方案的技术等级。

15.3 施工技术方案的审批

1. 报批的程序

由项目经理部编制的施工技术方案，应报公司技术部门进行审批。根据工程项目的技术等级不同，Ⅲ级技术等级工程项目的施工技术方案由公司（处）负责审批，Ⅰ级和Ⅱ级技术等级工程项目的施工技术方案由公司（处）初审后报集团公司技术处审批。

项目经理部的所有施工技术方案都必须经过项目总工审核，确定技术等级，再决定是否上报审批。

严格执行施工技术方案的审批程序，能有效弥补方案的缺陷、遗漏甚至错误，突破编制者个人技术的局限性，使方案更完善、合理、全面，有利于集思广益，提高方案的技术水平，明确方案实施各方的责任并保证方案的严肃性。

2. 专项施工方案技术等级划分

Ⅰ级：涉及单项（或分项、分部工程）新技术、新工艺，而本公司尚未施工过的。

Ⅱ级：仅涉及本公司已有技术，但各单位未施工过的分部、分项工程。

Ⅲ级：仅涉及各单位已掌握的技术，且技术条件不太复杂的分部、分项工程。

3. 工程项目的技术等级划分

Ⅰ级：整体工程项目多项分部、分项工程都涉及新技术、新工艺或涉及单项新技术、新工艺，而本公司尚未施工过的；或技术条件特别复杂的工程。

Ⅱ级：仅涉及本公司已有技术，该单位未施工过，但已由其他单位施工过；或技术条件比较复杂的工程。

Ⅲ级：仅涉及各单位已掌握的技术，且技术条件不太复杂的工程。

15.4 施工技术方案的实施

施工技术方案由项目经理部负责具体实施，方案实施前首先应进行技术交底，从管理层到操作层分两次进行，使实施方案的所有人员均熟悉和了解技术方案的所有要求及应注意的事项，并明确实施过程中工序的衔接方式和当事人应承担的责任。

按照施工方案的要求，对施工现场要做好充分的调查研究，摸清具体情况，科学合理地安排场地空间，尽量减少临时设施的工程量，避免材料的二次搬运。重视现场交叉作业、工序衔接的问题，关注季节与气候变化，使方案顺利实施。

在施工过程中，技术人员和施工管理人员要经常深入工地检查方案的落实情况，发现问题和隐患及时加以解决，尽量避免返工损失，以保证施工技术方案的严格执行。

16 项目工程技术成果

16.1 施工技术总结

1. 施工技术总结的概念

施工技术总结是对项目施工技术、工艺和技术管理成功与失败的经验总结,是一种编写形式多样化的文件。它主要针对工程实例中某项施工技术和工艺、四新技术的应用、技术管理、质量整改等问题进行归纳、分析、总结,作为企业自身施工管理经验的积累和交流。因此,施工技术总结一般只在内部交流使用。

在编写上,施工技术总结分为不同的类型。按内容分,有综合性的施工总结、专题技术总结和单项总结。按时间分,有年度、月度工作总结等。对项目经理部来说,要编写综合性的施工技术总结,对工程进行全面的总结。施工技术人员的个人总结,则依据各人所干具体工作的不同,编写单项的技术总结,如质量检查技术总结、试验工作技术总结等。

施工技术总结与竣工资料要求的"施工总结"不同,只作为项目总工程师向公司工程科提交的材料,不对外。施工技术总结中不含经营、生产管理方面的内容,一般应包括以下内容:

(1) 施工方案的安全性、适宜性、经济性总结。

(2) 对执行标准、规范、规程某些条款过程中所遇到的一些问题的探讨。

(3) 执行公司技术、质量、施工管理制度的总结。

(4) 推进技术创新(如"四新"技术应用),有关工程技术、质量管理的经验总结。

(5) 能缩短工期,增加效益,提高质量,确保安全的施工方法或工艺的实践经验和体会。

(6) 质量事故分析。

项目的施工技术总结可在项目施工技术人员个人总结的汇总基础上由项目总工程师自己编写。技术人员的个人总结也应围绕上述 6 个主题编写。

2. 施工技术总结的编写

工程竣工时,项目总工要组织有关人员编写施工技术总结,把工程中成熟的施工技术、成功的工艺、施工经验体会、应吸取的教训等总结归纳,对施工技术要点和存在问题进行深入分析,编写成总结资料,留存下来以便在今后的工作中推广应用。技术总结是一种技术积累,总结中的施工技术经验和疑难问题的解决方法可以使企业的技术不断得到提高,有利于企业自身的技术发展与创新。

对于技术复杂或应用四新技术的项目,应编写专题技术总结。

要写好技术总结,在工程开始时就要注意收集积累资料,包括设计文件、施工原始记录、来往技术文件、有关会议资料及质量、安全环保、进度检查资料等。

项目施工技术总结的主要编写内容如下:

(1) 工程概况。

总体介绍工程建设的重要意义，工程的开、竣工日期，业主、设计与施工单位，工程大体情况，主要设计参数，主要工程数量，工程标价与最终造价等。

(2) 各分项工程施工技术、工艺、方法与技术管理的详细论述。

各分项工程的工程概况，主要的施工方法和技术措施，施工成果的质量、工期、效益的评价情况。

(3) 工程成功经验总结与存在的问题分析。

就施工中所取得的成功经验作总结分析，要突出本工程的特点。对施工中出现的问题，着重分析问题发生的原因，介绍解决的办法，以便在日后的施工中采取预防措施。

总结成功经验和分析存在的问题，也可按施工管理、技术与质量管理、安全与环保管理、工期与效益管理等专题分类，从不同角度来写。

(4) 体会与结论。

从工程总体上说明本工程的成功经验与不足之处，特别要多找出施工中失败的教训，在技术层面上分析其原因，以提高自己的施工技术水平。

最后，对所总结的内容作整体概括。

3. 编写施工技术总结的注意事项

(1) 精心选择好总结题材，凡是有成功经验、有技术创新、有问题和教训的事情，都值得总结，如技术复杂、施工难度大、有突出特点的工程项目，四新技术应用项目，容易出质量和技术问题的项目等。

(2) 深入收集好素材，全面掌握素材的基本内容。例如，要编写某一分项工程的技术总结，就要写清楚该分项工程在整体中的作用，是如何施工的，走了哪些弯路，碰到哪些问题，是如何克服的等，并写清其主要的技术、经济指标。

(3) 目的明确，重点突出，不能把总结写成流水账。写总结的目的是总结经验教训，指导今后的工作，只有重点突出才能写得深入。

(4) 实事求是，准确可靠。对总结的内容，所用的数据、资料等，要求真实准确可靠，避免虚构情节、文过饰非、夸大其词的现象。

(5) 遵守企业有关技术保密的规定，不涉及保密方面的内容。

(6) 编写工作总结要及时，不能等到工程交工以后。

(7) 介绍正反两方面经验要将背景、前提交代清楚，将施工方案或工艺的适应条件交代清楚，附上必要的照片、施工方案图。

16.2 技术论文

16.2.1 技术论文的概念及其作用

技术论文是在施工实践及研究、实验的基础上，对专业技术领域里的某些现象或问题进行专题研究、分析和阐述，揭示出这些现象和问题的本质及其规律性而撰写成的文章。也就是说，凡是运用概念、判断、推理、论证和反驳等逻辑思维手段，来分析和阐明其科学原理、规律和各种问题的文章，均属技术论文的范畴。

为推动企业各项专业技术工作的系统总结，促进企业技术进步和创新，提高经营管理水平，项目经理部的施工技术人员可结合自己的实际工作，撰写相关技术论文。撰写技术论文不仅可作为今后工作的借鉴，也是对自身技术水平的认真回顾与总结，同时，有助于自身施工技术水平的提高，有利于吸取经验教训，少走弯路。

16.2.2 技术论文的特点

1. 科学性

这是技术论文在方法论上的特征，使它与一切文学性的文章区别开来。它不仅仅描述的是涉及科学和技术领域的命题，更重要的是论述的内容具有科学可信性，技术论文不能凭主观臆断或个人好恶随意地取舍素材或得出结论，它必须根据足够的施工实践和可靠的实验数据或现象观察作为立论基础。所谓"可靠的"，是指整个过程是可以复核验证的。

2. 首创性

首创性是技术论文的灵魂，是有别于其他文献的特征所在。它要求文章所揭示的事物现象、属性、特点及事物运动时所遵循的规律，或者这些规律的运用必须是前所未见的、首创的或部分首创的，必须有所发现，有所发明，有所创造，有所进步，而不是对前人工作的复述、模仿或解释。

3. 逻辑性

这是文章的结构特点。它要求论文脉络清晰、结构严谨、前提完备、演算正确、符号规范、文字通顺、图表精确、推断合理、前后呼应、自成系统。不论文章所涉及的专题大小如何，都应该有自己的前提或假说、论证素材和推断结论。通过推理、分析、提高到理论的高度，不应该出现无中生有的结论或一堆无序数据。

16.2.3 技术论文的分类

从不同的角度分析，技术论文有不同的分类结果。

1. 按专业范围分

（1）土木技术论文：包括施工技术、勘测设计、工程监理、技术质量管理、安全与环保管理、"四新"技术应用、工程测量与试验、标准规范、信息技术等。

（2）机械技术论文：包括机械加工、机械化施工、设备维修与改造、设备管理、"四新"应用、信息技术等。

（3）企业经营管理论文：包括企业发展战略、体制改革探索、工程项目管理、施工经营管理、财务管理、业务开发等。

2. 按内容特点分

（1）论证型。

论证型是对技术命题的论述与证明的文件。如对应用性技术的原理或假设的建立，论证及其适用范围，使用条件的讨论。

（2）科技报告型。

属记述型文章。许多专业技术、工程方案和研究计划的可行性论证文章，亦可列入本类型。这样的文章一般应该提供所研究项目的充分信息，原始资料的准确与齐备，包括正反两方面的结果和经验，往往使它成为进一步研究的依据与基础。科技报告型论文占现代科技文献的多数。

(3) 发现、发明型。

叙述被发现事物或事件的背景、现象、本质、特性及其运动变化规律，阐述被发明的装备、系统、工具、材料、工艺、配方形式或施工方法的功效、性能、特点、原理及使用条件等的文章。

(4) 计算型。

提出或讨论不同类型（包括不同的边值和初始条件）数学物理方程或公式的数值计算方法，施工质量和试验数据的稳定性、精度分析等。

(5) 综述型。

这是一种比较特殊的技术论文，与一般技术论文的主要区别在于它不要求在研究内容上具有首创性，尽管一篇好的综述文章也常常包括有某些先前未曾发表过的新资料和新思想，但它要求撰稿人在综合分析和评价已有的资料基础上，提出在特定时期内有关专业课题的发表演变规律和趋势。

综述文章的题目一般较笼统，篇幅允许稍长，它的写法通常有两类：一类以汇集文献资料为主，辅以注释，客观而少评述。另一类则着重评述，通过回顾、观察和展望，提出合乎逻辑的，具有启迪性的看法和建议。这类文章的撰写要求较高，具有权威性。往往能对所讨论问题的进一步发展起到引导作用。

16.2.4 技术论文的编写要求

1. 题名

题名是科技论文的必要组成部分，要求用最简明、确切、恰当的词语反映文章的特定内容，把论文的主题明白无误地告诉读者。一般情况下，题名中应包括文章的主要关键词，避免使用非公知公用的缩写词、字符、代号，尽量不出现数学式和化学式。

2. 摘要

摘要是以提供文献内容梗概为目的，不加评论和补充解释，简明确切地记述文献重要内容的短文。论文都应有摘要，其内容包括研究的目的、方法、结果和结论，应具有独立性和自明性，不分段，字数应控制在100~300字。

3. 关键词

关键词是所选取的能反映论文主题概念的词或词组，一般每篇文章标注3~8个。

4. 引言

引言的内容可包括研究的目的、意义、主要方法、范围和背景等。应开门见山，言简意赅，不要与摘要雷同或成为摘要的注释，避免公式推导和一般性的方法介绍。

5. 论文的正文部分

论文的正文部分系指引言之后，结论之前的部分，是论文的核心。

正文是技术论文的核心组成部分，主要回答"怎么研究"这个问题。正文应充分阐明论文的观点、原理、方法及具体达到预期目标的整个过程，并且突出一个"新"字，以反映论文具有的首创性。根据需要，论文可以分层深入，逐层剖析，按层设分层标题。

对技术论文，要求思路清晰，合乎逻辑，语言简洁准确、明快流畅；内容务求客观、科学、完备，要尽量用事实和数据说话。

(1) 论文内容可从以下几个方面考虑：

1）技术攻关、技术改造、技术推广与应用。
2）新技术、新工艺、新材料、新设备（"四新"技术）的研究与应用。
3）引进、消化、吸收和应用国内外的先进技术项目。
4）一个较为完整的工程项目的施工技术。
5）工程设计与实施。
6）工程项目的管理方法。

（2）对论文的要求：

1）内容应针对性强，论点明确，论据充分可靠，所引用的数据真实，具有先进性和实用性，对类似工程有较好的参考和指导价值。
2）在理论上或应用领域有关键性创新突破，属新发明、新发现或新创造。
3）论点明确，论据可靠，论证充分，论文的层次清晰，文字精练。
4）在技术或工艺上具有较高的理论水平和实践意义。
5）论文选题应直接来源于生产实际或具有明确的工程背景，其研究成果要有实际推广应用价值，论文拟解决的问题要有一定的技术难度和工作量，论文要具有一定的理论深度和先进性。
6）综合运用基础理论、科学方法、专业知识和技术手段对所解决的工程实际问题进行分析研究，并能在某方面提出独立见解。

6. 结论

结论是文章的主要结果、论点的提炼与概括，应准确、简明、完整、有条理。如果不能导出结论，也可以没有结论，而进行必要的讨论，可以在结论或讨论中提出建议或待解决的问题。

总之，技术论文应选择那些在理论上或应用领域有关键性创新突破，属新发明、新发现或新创造的素材来写；论文要做到论点明确，数据可靠，论证充分，论文的层次清晰，文字精练；在技术或工艺上具有较高的理论水平和实践意义；在企业内有较高的推广应用价值，并具有显著的经济效益和社会效益。

16.3 施工工法

16.3.1 工法的定义

工法一词来自日本，与我国的施工技术、施工方法一样，是专有名词，属习惯叫法。日本的《国语大辞典》把工法解释为"工艺方法和工程方法"，日本的建筑大字典中工法的含义是"建造建筑物（构筑物）的施工方法或建造方法"。

工法在英、美称为 Construction Method（施工方法）和 System（体系），法国则称为 Technological（工艺），其他国家也有用 Technical（技术）的，各国间称呼虽然不尽相同，但含义差别不大。

我国新颁布的《工程建设工法管理办法》中，对工法赋予了严格、科学的定义，即"以工程为对象，工艺为核心，运用系统工程原理，把先进技术和科学管理结合起来，经过一定的工程实践所形成的综合配套的施工方法"。

工法是一种具有指导企业施工和管理的规范化文件，是经过工程实践形成的综合配套技术的应用方法。由于工法具有技术先进、提高工效、降低成本、保证工程质量、加快施工进度、保证施工安全等特点，经过各级专家评审成为国家级工法、省级工法和企业级工法，因此，工法又具有一定的权威性、实用性、适用性。

16.3.2 我国实行工法管理制度的由来

我国推行工程建设工法是1987年在学习贯彻云南鲁布革水电站的工程管理经验时提出来的。鲁布革工程是我国第一个利用世行贷款实行国际招标的大型工程项目，日本大成建设公司以低于标底43%的超低价中标，工程在1984年11月开工，1988年12月竣工。工程施工以精干的组织、科学的管理、先进适用的技术和大成公司特有的工法，达到了工程质量好、用工用料省、工程造价低、施工水平国际一流的显著效果，在我国形成了强大的"鲁布革冲击"，学习鲁布革工程管理经验与日本先进的工法也应运而生。

鲁布革工程的成功经验说明，企业要善于总结施工实践经验，多积累本企业宝贵的技术财富，以形成有自己特色的综合配套的成熟技术和工法。

1988年，建设部对国内外的工程建设、施工企业技术管理状况进行了调查，并深入了解日本工法的内涵，在此基础上草拟了我国试行工法制度的征求意见稿。

1989年春，建设部印发了《关于在推广鲁布革工程管理经验试点企业试行工法制度有关事项的通知》，在18家试点企业中先行一步，以便取得编制工法与工法管理的实际经验。同时，组织编印了《土木建筑工法实例选编》，作为施工企业了解工法和试编写工法的参考。

为提高企业的技术素质和管理水平，促进企业进行技术积累和技术发展，调动广大职工研究开发和推广应用施工新技术的积极性，使科技成果迅速转化为生产力，逐步形成施工技术管理新机制，建设部于1989年11月印发了《施工企业实行工法制度的试行管理办法》，1990年开始在全国试行。

之后，全国各地纷纷举办研讨班、学习班，进一步学习工法的含义、编制方法，讨论贯彻工法管理办法的实施步骤。1991年以后，工法的编制与应用工作在国内已全面推广，工法管理工作走向正轨。

16.3.3 工法的特征

工法有以下几个特征：

(1) 工法的主要服务对象是工程建设的施工，它来自工程实践，是从施工实践中总结出来的先进适用的施工方法，又回到施工实践中去应用，为工程建设服务。工法只能产生于施工实践之后，是对先进的施工技术的总结与提高，是经施工实践验证过的成熟的技术。

(2) 工法的核心是工艺，而不是材料、设备，也不是组织管理。采用什么机械设备，如何组织施工，以及保证质量、安全与环保的措施等，都是为了保证工艺这个核心顺利实施的必要手段。

(3) 工法是用系统工程的原理和方法对施工规律性的认识和总结，具有较强的系统性、科学性和实用性。工法的对象有针对建筑群或单位工程的，也有针对分部或分项工程的,虽说有大小之分,但所有的工法都是用系统工程原理和方法总结出来的施工经验,是一个完整的系统,是技术和管理相结合的、整体综合配套的施工方法。

(4) 工法必须符合国家工程建设的方针、政策和标准、规范,必须具有先进性。科学性、实用性,保证达到工程质量和安全、提高施工效率、降低工程成本、节约资源、保护环境等方面的要求。

(5) 工法是企业标准的重要组成部分,是企业积累施工技术经验后编制的通用性文件。

(6) 工法要具有时效性。工法要反映企业施工技术水平的先进性,使其科技成果具有推广意义,了解目前掌握的施工技术在同行业中的先进程度是十分重要的。已在各施工企业中广泛应用的成熟技术不是一个好的工法,工法编制选题应具有新颖性、时效性。

16.3.4 工法与工艺标准、施工方案等的区别

1. 工法与工艺标准的区别

工法和工艺标准、操作规程都属于企业标准范畴,但服务层次却完全不同。工艺标准、操作规程主要是强调操作者必须遵守的工艺程序、作业要点与质量标准,是技术员(工长)向工人班组进行技术交底的内容。而工法是针对单位工程,分部或分项工程的含有工艺技术、机具设备、质量标准以及技术经济指标等整体的综合配套的施工方法,是项目总工用来技术管理的内容。

工法的编制要以规范、规程和工艺标准为依据,工法中采用的数据也要与之统一。如有足够根据与规范、规程和工艺标准不一致时,需经有关主管部门核准或在评审时通过。

工法与工艺标准的主要区别如下:

(1) 服务层次不同。工法是企业的高层次标准,为技术管理和经营管理者服务;而工艺标准与操作规程为较低层次的标准,为施工操作者服务。

(2) 内容不同。两者虽然在工艺操作方法、质量标准、安全环保措施方面内容相似,但工法强调要有经济效益分析、工法形成过程与关键技术鉴定及获奖情况的内容,且要有工法的应用实例情况介绍,工艺标准没有这些内容。

(3) 编写格式不同。两者都有自己固定的格式。

2. 工法与施工方案的区别

工法是工程实践的经验总结,是施工规律性的综合体现,在施工之后形成。施工方案来自过去工程的实践经验,一般产生在新的工程施工之前。工法与施工方案都是针对施工中的技术问题,提出解决问题的具体方法,但工法强调经济效益和社会效益的施工规律性。施工方案经过工程实践之后,也可以总结形成工法。

3. 工法与施工组织设计的区别

两者的概念截然不同。工法是企业标准的一个组成部分,是企业为积累施工技术经验编制的通用性文件;施工组织设计则是针对某项具体工程的施工管理编制的指导性文件。施工组织设计中的进度计划、设备与劳动力调配计划及施工总平面图是工法文件所没有的。

工法可作为施工组织设计的标准模块,即施工组织设计中主要工程项目的施工方案可采用已有的工法成果,但两者不可直接取代。

4. 工法与施工方法的区别

工法与施工方法是同义词，但含义上有明显区别，不能混淆。平常所说的施工方法只是对施工工艺、施工技术的操作方法的一种泛指，而工法要求技术与管理相结合，强调是经过工程实践形成的综合配套的施工方法，是对施工规律性的认识和总结，是作为一种企业标准的特定的施工方法。

16.3.5 施工工法的编制要求

工法是施工企业宝贵的技术财富。在整理传统技术编写新工法时，考虑每项工法自身的特点，须注意以下问题：

（1）工法都必须经过工程实践，并证明是属于技术先进、效益显著、经济适用的项目。对于未经工程应用的研究开发的新科技成果，不能称为工法。

（2）编写工法的选题要恰当。每项工法都是一个系统，系统有大有小，但都是一个完整的系统。

（3）编写工法不同于写工程施工总结。施工总结大多是工程的写实，而工法是对施工规律性的剖析与总结，要把工艺特点（或原理）放在前面，最后引用一些典型工程实例加以说明。在内容安排上，两者的顺序相反。

（4）整理和编写工法的目的是要在工程实践中得到应用，要有良好的适用性和指导性。

（5）随着数字化的发展，工法编制工作也进入了新的阶段。传统的书面文字、表格、图片已不再是工法表达的唯一方式，也可运用声像技术、多媒体技术，声像文字混合技术可以提高工法的表达效果，使其更直观、更真实、更易懂。

16.3.6 施工工法的编写内容

按照企业工法的管理办法，工法编写的格式和内容有具体要求。工法的编写内容如下。

1. 前言

简述工法概况、形成过程、推广应用情况、技术鉴定或技术可靠性证明情况和有关获奖情况。

工法的前言是概述，因此，用词要准确规范，文字要言简意赅，切忌词语冗长，更不能将工程概况写入前言。

2. 工法特点

说明本工法与传统施工方法的区别，与同类工法相比较，在工期、质量、安全、造价等技术经济效益方面的先进性和新颖性。

3. 适用范围

说明针对不同的设计要求、施工环境、工期、质量、造价等条件，适宜采用本工法的工程对象。

4. 工艺原理

从理论上阐述本工法施工工艺及管理的基本原理，着重说明关键技术形成的理论基础。

工艺原理是说明工法工艺核心部分的原理。通过工法中涉及的材料、构件的物理性能和化学性能说明本工法技术先进性的真正成因。

5. 施工工艺流程及操作要点

说明本工法的施工程序要点、施工方法、与关键新技术相应的施工机具操作方法，同时说明所采用的施工管理方法和措施，显示本工法的先进性和创新点。必要时，应附图表说明。

对工法中的专利技术或诀窍技术属保密范畴的，编写时可说明其代号并作简要描述。

工艺流程是施工操作的顺序，在工法编制中用简单网络图表示，操作要点一定要对应网络图中施工顺序进行详细地阐释。网络图中提到的施工步骤在操作要点中不能没有解释，操作要点中说明的问题也不能在网络图中没有反映。

6. 材料与设备

说明主要材料的质量标准要求，主要施工机械、设备、工具、仪器的名称、规格、型号、数量、使用性能和管理方法等。

为保证工法具有广泛的适用性，工法中涉及的有关"材料"的指标数据一定要严谨、准确。除介绍本工法使用新型材料的规格、主要技术指标、外观要求等，还应注明材料来源的生产厂家，因为不同厂家生产出的同类材料在规格、性能上可能有细微差别。此外，还应强调该材料在操作要点中起到的作用，以证明该材料在工法技术实现中是必不可少的。

7. 质量控制

说明本工法应执行的工程质量标准和达到工程质量标准应采用的技术措施和管理措施。

一般工法的质量要求可依据现行国家、地区、行业的标准、规范规定执行，有些工法由于采用的是新技术、新材料、新工艺，在国家现行的标准、规范中未规定质量要求，因此在这类工法中质量要求应注明依据的是国际通用标准、国外标准，还是某科研机构、某生产厂家的试行标准，使工法应用单位明确本工法的质量要求，使质量控制有参照依据。

8. 安全措施

说明遵照有关安全法规，结合本工法具体情况的安全注意事项和应采取的相应措施。

9. 环保措施

说明本工法中采用了哪些有效的环保措施。

10. 经济效益分析

说明本工法与同类工程采用常规施工方法相比较，具有哪些优越性，通过有关技术经济指标的分析对比，对工法取得的经济效益和社会效益作出客观评价。

工法之所以要推广是因为它技术先进，有可观的经济效益和社会效益。但在工法的效益分析中，人们往往只注意成本效益的分析而忽略了工期效益、质量效益的分析。实际上有些工法在推广的前期成本投入并不低，然而它带来的工期效益、质量效益、安全效益、环保效益等综合效益却很高。

11. 工程应用实例

列举本工法在有代表性的工程中实际应用的情况、取得的实际效果和存在的问题，一般要求有两个以上的项目。

16.4 QC小组活动及成果

16.4.1 QC小组概述

1. QC小组的概念

QC小组是在生产或工作岗位上从事各种劳动的职工，围绕企业的经营战略、方针目标和现场存在的问题，以改进质量、降低消耗、提高人的素质和经济效益为目的组织起来，运用质量管理的理论和方法开展活动的小组。

QC小组概念包含了以下四层意思：

（1）参加QC小组的人员是企业的全体职工，不管是高层领导，还是管理者、技术人员、工人、服务人员，都可以组织QC小组。

（2）QC小组活动选择课题是广泛的，可以围绕企业的经营战略、方针目标和现场存在的问题来选题。

（3）小组活动的目的是提高人的素质，发挥人的积极性和创造性，改进质量，降低消耗，提高经济效益。

（4）小组活动强调运用质量管理的理论和方法开展活动，突出其科学性。

2. QC小组的特点

（1）明显的自主性

QC小组以职工自愿参加为基础，实行自主管理，自我教育，互相启发，共同提高，充分发挥小组成员的聪明才智和积极性、创造性。

（2）广泛的群众性

QC小组是吸引广大职工群众积极参与质量管理的有效组织形式，不仅包括领导人员、技术人员、管理人员，而且更注重吸引在生产、服务工作第一线的操作人员参加。广大职工群众在QC小组活动中学技术，学管理，群策群力分析问题，解决问题。

（3）高度的民主性

QC小组的组长可以是民主推选的，也可由小组成员轮流担任课题小组长，以发现和培养管理人才。在QC小组内部讨论问题，解决问题时，小组成员间是平等的，不分职位与技术等级高低，高度发扬民主，各抒己见，互相启发，集思广益，以保证既定目标的实现。

（4）严密的科学性

QC小组在活动中遵循科学的工作程序，步步深入地分析问题和解决问题；在活动中坚持用事实说话，用科学的方法来分析与解决问题，而不是凭"想当然"或个人经验。

3. QC小组的分类

按照QC小组参加的人员与活动课题的特点，QC小组分为"现场型"、"管理型"、"服务型"、"攻关型"四种类型。

（1）现场型QC小组

它是以班组和工序现场的操作工人为主体组织，以稳定工序流程，改进产品质量，降低消耗，改善生产环境为目的，开展质量攻关活动的范围主要是在生产现场。这类小组一般选择的活动课题较小，难度不大，是小组成员所能及的，活动周期也较短，比较容易出成果，但经济效益不一定大。

（2）服务型 QC 小组

它是由专门从事服务工作的职工群众组成的，以推动服务工作标准化、程序化、科学化，提高服务质量和经济、社会效益为目的，活动范围主要是在服务现场。这类小组一般活动课题较小，围绕身边存在的问题进行改善，活动时间不长，见效较快。虽然这类成果经济效益不一定大，但社会效益往往比较明显，甚至会影响社会风气的改善。

（3）攻关型 QC 小组

它通常由领导干部、技术人员和操作人员三结合组成，它以解决技术关键为目的，课题难度较大，活动周期较长，需投入较多的资源，通常技术经济效果显著。

（4）管理型 QC 小组

它是由管理人员组成的，以提高业务工作质量，解决管理中存在的问题，提高管理水平为目的。这类小组的选题有大有小，课题难度也不相同，效果也差别较大。

4. QC 小组活动的宗旨

QC 小组活动的宗旨，即 QC 小组活动的目的和意义，可以概括为以下三个方面：

（1）提高职工素质，激发职工的积极性和创造性。

（2）改进质量，降低消耗，提高人的素质和企业的经济效益。

（3）建立文明的、心情舒畅的生产、服务、工作现场。

5. QC 小组活动的作用

在开展 QC 小组活动中，只要坚持以上宗旨，就可以起到以下几方面的作用：

（1）有利于开发智力资源，发掘人的潜能，提高人的素质。

（2）有利于预防质量问题和改进质量。

（3）有利于实现全员参加管理。

（4）有利于改善人与人之间的关系，增强人的团结协作精神。

（5）有利于改善和加强企业管理工作，提高管理水平。

（6）有利于提高职工的科学思维能力、组织协调能力、分析与解决问题的能力，从而使职工成为全面人才。

16.4.2 QC 小组的组建

1. QC 小组的组建原则

组建 QC 小组一般应遵循"自愿参加，上下结合"与"实事求是，灵活多样"的原则。

2. QC 小组组建程序与注册登记

（1）QC 小组组建程序

1）自下而上的组建程序。

由同一班组的几个人，根据想要选择的课题内容，推举一位组长，共同商定组成一个 QC 小组，给小组取个名字，确定研究课题名称，然后进行注册登记，该 QC 小组就组建完成。

这种组建程序，适用于由同一班组内的部分成员组成的现场型、服务型，包括一些管理型的 QC 小组。他们所选的课题一般都是自己身边的、力所能及的较小的问题，这样组建的 QC 小组，成员的活动积极性、主动性很高，QC 小组的开展比较顺利。

2）自上而下的组建程序。

由企业主管 QC 小组活动的部门，根据企业实际情况，提出企业开展 QC 小组活动的设想方案，然后与班组领导协商，达成共识后，提出组长人选，进而物色 QC 小组所需的组员，选定课题内容，然后进行注册登记，该 QC 小组组建完成。

这种组建程序普遍被"三结合"技术攻关型 QC 小组采用。这类 QC 小组所选择的课题往往都是企业或班组急需解决的、有较大难度的、牵涉面较广的技术、设备、工艺问题，需要企业为 QC 小组活动提供一定的技术、资金条件。这样组建的 QC 小组，容易紧密结合企业的方针目标，抓住关键课题，对企业和 QC 小组成员会带来直接效益。

3）上下结合的组建程序。

这是介于上面两种之间的一种，由上级推荐课题范围，经下级讨论认可，上下协商来组建。这主要是涉及组长和组员人选的确定，课题内容的初步选择等问题，其他程序与前两种相同。这样组建 QC 小组，可取前两种所长，避其所短，值得提倡。

(2) QC 小组的人数

为便于自主地开展活动，小组人数一般以 3～10 人为宜。每个 QC 小组成员具体应该多少，应根据所选课题涉及的范围、难度等因素确定。

(3) QC 小组的注册登记

为了便于管理，组建 QC 小组应认真做好注册登记工作。注册登记是 QC 小组组建的最后一步工作。QC 小组注册登记后，就被纳入企业年度 QC 小组活动管理计划之中，在随后开展的小组活动中，便于得到各级领导和有关部门的支持和服务，并可参加各级优秀 QC 小组的评选。

16.4.3 QC 小组活动

1. QC 小组活动的基本条件

QC 小组是实现全员参与质量改进的有效形式，QC 小组活动应是企业的自觉行为。要在企业内开展好 QC 小组活动，还需要创造较好的内部环境，主要应具备以下几个基本条件。

(1) 领导对 QC 小组活动思想上重视，行动上支持。

(2) 职工对 QC 小组活动有认识，有要求。

(3) 培养一批 QC 小组活动的骨干。

(4) 建立健全 QC 小组活动的规章制度。

2. QC 小组活动的程序

为解决本企业存在的问题，不断地进行质量改进是 QC 小组活动的基本特征。要解决所存在的问题，QC 小组所涉及的管理技术主要有三个方面：

①遵循 PDCA 循环。解决一个问题或搞一项活动都要按照 PDCA 的活动规律进行。P（Plan）表示计划，D（Do）表示执行，C（Check）表示检查，A（Action）表示处理。②以事实为依据，用数据说话。③应用统计方法。现在可供选用的统计方法很多，有"老七种工具"（分别是排列图、因果图、直方图、控制图、散布图、调查表、分层法）和

"新七种工具"〔分别是关联图、系统图（也称树图）、亲和图、PDPC法（也称过程决策程序图法）、矩阵图、矩阵数据分析法、矢线图〕；还有一些简易图表（包括柱状图、饼分图、折线图、带状图、雷达图等）。

总之，应遵循PDCA循环，结合自身的特点来开展QC小组活动。QC小组活动的具体程序如图16-1所示。

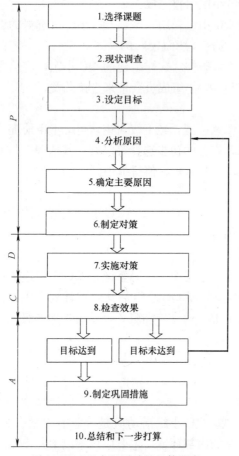

图16-1 QC小组活动的具体程序

（1）选择课题

选择课题要注意三个方面的问题：

1）课题宜小不宜大。搞小课题有四个方面的好处：

① 小课题易于取得成果，活动周期短，能更好地鼓舞小组成员的士气。

② 小课题短小精悍，大部分对策都能由本小组成员自己来实施，更能发挥本组成员的创造性。

③ 小课题大部分是在本小组的生产现场，是自己身边存在的问题，通过自己的努力得到改进，取得的成果也是自己受益，能更好地调动小组成员的积极性。

④ 小课题容易总结成果，在发表成果规定的时间里，能把小组活动时所动的脑筋、所下的工夫、克服的困难充分表达出来，因此可以发表得很生动、很精彩。

2）课题的名称应一目了然地看出是要解决什么问题，不可抽象。

3）关于选题理由，应直接写出选此课题的目的和必要性，不要长篇大论地陈述背景。

（2）现状调查

现状调查要注意三个问题：

1）用数据说话。

2）对现状调查取得的数据要整理、分类，进行分层分析，以找到问题的症结所在。

3）不仅要收集已有记录的数据，更需要亲自到现场去观察、去测量、去跟踪，直接掌握第一手资料，以掌握问题的实质。

（3）设定目标

设定目标要注意目标要与问题相对应，目标要明确表示（所谓明确表示，就是要有用数据表达的目标值），要说明制定目标的依据。

（4）分析原因

在分析原因时要注意以下四点：

1）要针对所存在的问题分析原因。

2）分析原因要展示问题的全貌。分析原因要从各种角度把有影响的原因都找出来，尽量避免遗漏。可从"4M1E"即人（Man）、机械（Machine）、材料（Material）、方法（Method）、环境（Environment）这几个角度展开分析。

3) 分析原因要彻底。

4) 要正确、恰当地应用统计方法。分析原因常用的方法有因果图、系统图与关联图。各小组在活动过程中，可根据所存在问题的情况以及对方法的熟悉、掌握的程度选用。为使选用时不至于用错，现将其主要特点列表 16-1。

各分析方法特点　　　　　　　　　　　　　　　　　　　表 16-1

方法名称	适用场合	原因之间的关系	展开层次
因果图	针对单一问题进行原因分析	原因之间没有交叉影响	一般不超过四层
系统图	针对单一问题进行原因分析	原因之间没有交叉影响	没有限制
关联图	针对单一问题或两个以上问题进行原因分析	原因之间有交叉影响	没有限制

（5）确定主要原因

确定主要原因可按三个步骤进行：

1) 把因果图、系统图或关联图中的末端因素收集起来，因为末端因素是问题的根源，所以主要原因要在末端因素中选取。

2) 在末端因素中看看是否有不可抗拒的因素。

3) 对末端因素逐条确认，以找出真正影响问题的主要原因。

（6）制定对策

制定对策通常分三个步骤进行：

1) 提出对策。

2) 研究、确定所采取的对策。

3) 制定对策表。对策表是整修改进措施的计划，是下一步实施对策的依据，必须做到对策清楚、目标明确、责任落实。可按"5W1H"［即：What（对策）、Why（目标）、Who（负责人）、Where（地点）、When（时间）、How（措施）］的原则制定对策表，表中项目依次为：序号，要因，对策，目标，措施，地点，时间，负责人。

（7）实施对策

对策制定完毕，小组成员就可以严格按照对策表列出的改进措施加以实施。每条对策实施完毕，要再次收集数据，与对策表中所定的目标比较，以检查对策是否已彻底实施并达到了要求。

在实施过程中应做好活动记录，把每条对策的具体实施时间、参加人员、活动地点与具体怎么做的，遇到了什么，如何解决的都加以记录，以便为最后整理成果报告提供依据。

（8）检查效果

把对策实施后的数据与对策实施前的现状以及小组制定的目标比较，看是否达到了预定的目标。可能会出现两种情况，一种是达到了小组制定的目标，说明问题已得到解决，就可进入下一步骤，巩固取得的成果，防止问题的再发生。另一种情况是未达到小组制定的目标，说明问题没有彻底解决，可能是主要原因尚未完全找到，也可能是对策制定得不妥，不能有效地解决问题，所以就要回到第四步骤，重新分析原因开始，再往下进行，直至达到目标。

解决了问题，取得了成果，就可以计算解决这个问题能为企业带来多少经济效益。

（9）制定巩固措施

取得效果后，就要把效果维持下去，并防止问题的再发生，为此要制定巩固措施。

把对策表中通过实施已证明了的有效措施初步纳入有关标准，报有关主管部门批准，至少要纳入班组作业指导书和班组管理办法、制度。

（10）总结和下一步打算

没有总结，就没有提高。成果完成后，小组成员要围绕以下内容认真进行总结：

1）通过此次活动，除了解决本课题外还解决了哪些相关问题，还有哪些问题没有解决。

2）检查在活动程序方面，在以事实为依据用数据说话方面，在方法的应用方面，明确哪些方面是成功的，哪些方面还尚有不足需要改进，还有哪些心得体会。

3）认真总结此次活动所取得的无形效果。可从"四个意识"（质量意识、问题意识、改进意识、参与意识）的提高、个人能力的提高、QC知识的掌握、解决问题的信心、团队精神的增强等方面来总结，这些效果虽不能直接产生经济效益，但却是非常宝贵的精神财富。

4）在以上基础上提出下一次活动要解决的课题，把QC小组活动持续开展下去。

程序中每一步骤常用的方法见表16-2。

QC活动常用方法　　　　　　　　表16-2

序号	方法／程序	老QC七种工具							新QC七种工具							其他方法					
		分层图	调查表	排列图	因果图	直方图	控制图	散布图	系统图	关联图	亲和图	矩阵图	矢线图	PDPC法	矩阵数据分析法	简易图表	正交试验设计法	优选法	水平对比法	头脑风暴法	流程图
1	选择课题	▲	▲	▲		△	△			△						▲			△	▲	
2	现状调查	▲	▲													▲					△
3	设定目标		△													▲		△			
4	分析原因				▲				▲	▲										▲	
5	确定主要原因		△					△								▲					
6	制定对策		△										△	△		△				▲	
7	实施对策		△			△							△	△		△				▲	△
8	检查效果	△	△	△		△	△									▲					
9	制定巩固措施		△			△										▲				△	
10	总结和下一步打算															▲					

注：1. ▲表示特别有效，△表示有效。

2. 简易图表包括：折线图、柱状图、饼分图、甘特图、雷达图。

16.4.4　QC小组活动成果

1. QC小组活动成果报告

QC小组活动取得了成果，就应认真总结，整理出成果报告。成果报告是QC小组活动全过程的具体表现形式，是在小组活动的原始记录的基础上，经过小组成员共同讨论总结整理出来的。

（1）整理成果报告的一般步骤

1）由 QC 小组组长召集小组全体成员开会，认真回顾本课题活动全过程，总结分析活动的经验教训。

2）按照小组成员分工，搜集和整理小组活动的原始记录和资料。

3）由成果报告执笔人在掌握上述资料和总结会上大家总结的意见的基础上，按照 QC 小组活动的基本程序整理成果报告初稿。

4）将执笔人整理出的成果报告初稿提交小组成员全体会议，由全体成员认真讨论、修改、补充、完善。最后由执笔人集中大家意见，修改完成成果报告。

（2）总结、整理成果报告要注意的问题

1）严格按活动程序进行总结。

2）把在活动中所下的工夫、努力克服困难、进行科学判断的情况总结到成果报告中去。

3）成果报告要以图、表、数据为主，配以少量的文字说明来表达，尽量做到标题化、图表化、数据化，以使成果报告清晰、醒目。

4）不要用专业技术性太强的名词术语，在不可避免时（特别是在发表时），要用通俗易懂的语言进行必要的解释。

5）在成果报告内容的前面，可简要介绍 QC 小组的组成情况，必要时还要对与小组活动课题有关的企业情况，甚至生产过程作简单介绍，用以说明本课题是哪一部分发生的问题。

2. QC 小组活动成果发表

（1）成果发表的作用

1）交流经验，相互启发，共同提高。

2）鼓舞士气，满足小组成员自我实现的需要。

3）现身说法，吸引更多职工参加 QC 小组活动。

4）使评选优秀 QC 小组和优秀成果具有广泛的群众基础。

5）提高 QC 小组成员科学总结成果的能力。

（2）QC 小组发表成果应注意的问题

1）做好发表前的准备工作。为了使发表取得好的效果，应认真研究选择恰当的发表形式，发表形式不要一个模式，可灵活多样，生动活泼，不拘一格。

2）发表前先作自我介绍，让听众知道你是本小组的主要成员，而不是外请的"演员"。

3）现场发表时要声音洪亮，语言简明，吐字清楚，语速有节奏，让人听起来你是在讲自己做过的事，而不是在"背书"。

4）仪态要自然大方，不要过于拘谨和紧张，即使发表中出现了错、漏处也不要紧，道声"对不起"，加以纠正和补充即可。

5）在本企业或同行业以外发表成果时，要尽量避免使用专业性很强的技术术语，必须使用时应略作解释，以使听众能明白。

6）在成果发表完毕后的提问答疑时，态度要谦虚；对提问者要有礼貌，回答提问要简洁明了；提问较多时要有耐心，没听清楚的提问，可请提问者再重复一次；实属技术保密问题，要婉言谢绝。

16.4.5 QC 小组活动成果的评审

1. 评审的目的

QC 小组活动取得成果之后,为了肯定取得的成绩,总结成功的经验,指出不足,以不断提高 QC 小组活动水平,同时为表彰先进、落实奖励,使 QC 小组活动扎扎实实地开展下去,就需要对 QC 小组活动成果进行客观的评价与审核。

2. 评审的原则

(1) 从大处着眼,找主要问题。主要问题也就是评审的重点,主要有三点:

1) 成果所展示的活动全过程是否符合 PDCA 的活动程序。

2) 各个环节是否做到以客观事实为依据,用数据"说话",以及所用数据是否完整、正确、有效。

3) 统计方法的运用是否正确、恰当。

(2) 要客观并有依据。

(3) 避免在专业技术上钻牛角尖。

(4) 不要单纯以经济效益为依据评选优秀 QC 小组。

3. 评审的标准

评审标准由现场评审和发表评审两个部分组成。

(1) QC 小组活动开展得如何,最真实的体现是活动现场。因此对现场的评审是 QC 小组活动成果评审的重要方面。评审的项目及内容见表 16-3。

QC 小组成果现场评审表　　　　　表 16-3

小组名称:_____　　课题名称:_____

序号	评审项目	评审内容	配分	得分
1	选题	(1) 要按有关规定进行小组登记和课题登记; (2) 小组活动时,小组成员的出勤情况; (3) 小组成员参与分担组内工作的情况	7~15 分	
2	原因分析	(1) 活动过程需按 QC 小组活动程序进行; (2) 取得数据的各项原始记录要妥善保存; (3) 活动记录要完整、真实,并能反映活动的全过程; (4) 每一阶段的活动能否按计划完成; (5) 活动记录的内容与发表资料的一致性	20~40 分	
3	对策与实施	(1) 对成果内容进行核实和确认,并已达到所制定的目标; (2) 取得的经济效益已得到财务部门的认可; (3) 改进的有效措施已纳入有关标准; (4) 现场已按新的标准作业,并把成果巩固在较好的水准上	15~30 分	
4	效果	(1) QC 小组成员对 QC 小组活动程序的了解情况; (2) QC 小组成员对方法、工具的了解情况	7~15 分	
总体评价			总得分	
公司意见			最终得分	

现场评审人员:_____
公司质管部门负责人:_____

（2）发表评审。在 QC 小组活动成果发表时，为了互相启发，学习交流，肯定成绩，指出不足，以及评选优秀 QC 小组，还要对成果进行发表评审。发表评审的项目及内容见表 16-4。

QC 小组成果发表评审表　　　　　　表 16-4

小组名称：＿＿＿＿＿＿＿＿＿＿＿＿＿　课题名称：＿＿＿＿＿＿＿＿＿＿＿＿＿

序号	评审项目	评审内容	配分	得分
1	选题	(1)所选课题应与上级方针目标相结合，或是本小组现场急需解决的问题； (2)简洁明确地直接针对所存在的问题； (3)现状已清楚掌握，数据充分，并通过分析已明确问题的症结所在； (4)现状已为制定目标提供了依据； (5)目标设定不要过多，并有量化的目标值和有一定依据	8~15 分	
2	原因分析	(1)应针对问题的症结来分析原因，因果关系要明确、清楚； (2)原因要分析透彻，一直分析到可直接采取对策的程度； (3)主要原因要从末端因素中选取； (4)应对所有末端因素都进行了要因确认，并且是用数据、事实客观地证明确是主要原因； (5)工具运用正确、适宜	13~20 分	
3	对策与实施	(1)应针对所确定的主要原因，逐条制定对策； (2)对策应按 5W1H 的原则制定，每条对策在实施后都能检查是否已完成（达到目标）及有无效果； (3)要按对策表逐条实施，且实施后的结果都有所交代； (4)大部分的对策是由本组成员来实施的，遇到能努力克服； (5)工具运用正确、适宜	13~20 分	
4	效果	(1)取得效果后与原状比较，确认其改进的有效性，与所制定的目标比较，看其是否已达到； (2)取得经济效益的计算实事求是、无夸大； (3)已注意了对无形效果的评价； (4)改进后的有效方法和措施已纳入有关标准，并按新标准实施； (5)改进后的效果能维持、巩固在良好的水准，并用图表示出巩固期的数据	13~20 分	
5	发表	(1)发表资料要系统分明，前后连续逻辑性好； (2)发表资料应以图、表、数据为主，避免通篇文字、照本宣读； (3)发表资料要通俗易懂，不用专业性特强的词句和内容，在不可避免时作深入浅出的解释； (4)发表时要落落大方，不做作，口齿清楚而有礼貌地讲成果； (5)回答提问时诚恳、简要，不强辩	13~20 分	
6	特点	(1)课题具体务实； (2)活动过程（包括发表）生动活泼有新意，具有启发性	0~5 分	
总体评价			总得分	

　　　　　　　　　　　　　　　　　　　　评委：＿＿＿＿＿＿＿＿

4. 评审的方法

（1）公司对 QC 小组成果的评审

公司对 QC 小组成果的评审要进行现场评审和发表评审。

1)现场评审:QC小组取得成果后,向公司主管部门申报,公司组织有关人员组成评审组,到QC小组活动现场,面向QC小组全体成员,了解QC小组活动的详细情况。现场评审一般在小组取得成果后二个月左右,评审组成员最好不少于五人,评审组按照表16-3"QC小组成果现场评审表"的内容进行评审。

2)发表评审:每年年底公司主管部门收集各项目上报的QC成果,组织不少于五人的评审组,召开优秀成果发表会,严格按表16-4"QC小组成果发表评审表"的内容进行评审。

把现场评审和发表评审两项综合起来,就是对该QC小组活动成果评审的总成绩。

(2)企业对QC成果的评审

各公司评审后推荐优秀成果评选企业优秀QC小组,并填写表16-5"优秀QC小组申报表"。

企业级优秀QC小组一般只对成果进行评审,由专家委员会按表16-6"QC小组成果评分表"的内容进行打分评选。

被评为企业级优秀QC小组的,由企业根据上级有关要求再推荐上报。

优秀QC小组申报表 表16-5

单位名称:

小组名称	
课题名称	
小组类型		小组人数	
小组简介	
选题理由	
活动情况	
取得成果(包括在部门评选中获得名次)	
取得经济效益: 财务(审计)部门确认
部门推荐意见: (公章)

单位负责人: 日期:

QC小组成果评分表

表 16-6

单位：　　　　　　　　　　　课题名称：

序号	评定项(分)	评分依据	分配分	得分
一	小组概况(5)	小组基本情况(组建时间、人员等)：连续组龄已达三年，人员相对稳定	3	
		小组活动自觉、经常、持久、扎实、有效	2	
二	选题理由(10)	符合本部门的方针目标、结合管理点	4	
		有充分理由或数据作依据	3	
		课题具体、目标明确	3	
三	课题现状(10)	与课题有关的情况(工程概况等)介绍	2	
		能从实际出发调查掌握数据(测取方法正确有可比性)符合事实	4	
		工具图表运用恰当正确	4	
四	问题原因(8)	对因素(如人、机、料、法、环)分类清楚，诸因素间因果关系正确	4	
		因素分析结合实际，符合专业管理技术	4	
五	主要原因(7)	清楚明确	2	
		有令人信服的理由及掌握影响程度	5	
六	对策措施(15)	对策与主要原因相对应	5	
		对策合理具体可行	10	
七	实施情况(8)	对策的实施情况介绍清楚，有时间，有遇到的问题等情况	8	
八	检查(7)	对实际情况、实施结果的检查方法正确，所用的检查工具合适	4	
		能正确地运用质量管理工具方法，把实施结果用数据、图表表现出来	3	
九	效果(25)	课题的程度及目标水平	8	
		质量和经济效益评定标准(高低)及达到的水平	13	
		有主管部门确认，用户评价好，效果巩固	4	
十	处理(5)	对一些有效的经济措施和管理手段进行了标准化或制定了有效地巩固措施	3	
		对遗留问题进行了下一次 PDCA 循环或选了新课题、新目标	2	
十一	其他	对质量管理的观点和方法的运用，有创新或其他突出之处	+5	
		PDCA 循环层次不清，观点手法概念含糊，数据来源不明	−5	
		图文脱节或超过发表时限等问题		
十二	总体评价		总得分	

评委：　　　　　　　　　　　日期：

参 考 文 献

[1] 张荣新. 项目总工程师岗位务实知识[M]. 北京：中国建筑工业出版社，2008.
[2] 建设工程项目管理规范编写委员会. 建设工程项目管理规范实施手册[M]. 2版. 北京：中国建筑工业出版社，2006.
[3] GB/T 50326—2006 建设工程项目管理规范[S]. 北京：中国建筑工业出版社，2006.
[4] 赵顺福. 项目法施工管理实用手册[M]. 北京：中国建筑工业出版社，2001.
[5] 建筑施工手册编写组. 建筑施工手册[M]. 4版. 北京：中国建筑工业出版社，2001.
[6] 丛培经. 实用工程项目管理手册[M]. 北京：中国建筑工业出版社，1999.
[7] 朱学仪. 钢材检验手册[M]. 北京：中国标准出版社，2009.
[8] 张检身. 建设项目管理指南[M]. 北京：中国计划出版社，2002.
[9] 魏连雨. 建设项目管理[M]. 北京：中国建材工业出版社，2000.
[10] 田振郁. 工程项目管理实用手册[M]. 2版. 北京：中国建筑工业出版社，2000.
[11] 刘伊生. 建设项目管理[M]. 北京：北方交通大学出版社，2001.
[12] 成虎. 工程项目管理[M]. 北京：中国建筑工业出版社，2001.
[13] 胡志根，黄建平. 工程项目管理[M]. 武汉：武汉大学出版社，2004.
[14] 郭汉丁. 业主建设工程项目管理指南[M]. 北京：机械工业出版社，2005.
[15] 宫立鸣，孙正茂. 工程项目管理[M]. 北京：化学工业出版社，2005.
[16] 张月娴，田以章. 建设项目业主管理手册[M]. 北京：中国水利水电出版社，1998.
[17] 杜晓玲. 建设工程项目管理[M]. 北京：机械工业出版社，2006.
[18] 全国建筑行业项目经理培训教材编写委员会. 工程招投标与合同管理. 修订版. 北京：中国建筑工业出版社，2001.
[19] 武育秦，赵彬. 建筑工程经济与管理. 第二版. 北京：武汉理工大学出版社，2002.
[20] 编写委员会. 工程项目招投标与合同管理. 第二版. 北京：中国建筑工业出版社，2001.
[21] 危道军. 招投标与合同管理实务. 北京：高等教育出版社，2005.